全民环境教育系列读本

环境形势与政策读本

阚宝光　主编

中国环境科学出版社·北京

图书在版编目（CIP）数据

环境形势与政策读本/阚宝光主编. —北京：中国环境科学出版社，2010.8
（全民环境教育系列读本）
ISBN 978-7-5111-0346-8

Ⅰ. ①环… Ⅱ. ①阚… Ⅲ. ①环境保护—中国 Ⅳ. ①X

中国版本图书馆 CIP 数据核字（2010）第 156517 号

丛书总策划 刘友宾
本 辑 策 划 靳永新 徐于红 胡勘平 满 好
本书编写组 环境保护部公报编辑部

责任编辑 靳永新
责任校对 扣志红
封面设计 耀午书装

出版发行 中国环境科学出版社
（100062 北京东城区广渠门内大街 16 号）
网 址：http://www.cesp.com.cn
联系电话：010-67112765（总编室）
发行热线：010-67125803
印 刷 北京东海印刷有限公司
经 销 各地新华书店
版 次 2010 年 8 月第 1 版
印 次 2010 年 8 月第 1 次印刷
开 本 880×1230 1/32
印 张 4.75
字 数 110 千字
定 价 20.00 元

出版前言

胡锦涛总书记在党的十七大报告中提出“建设生态文明”，使“主要污染物排放得到有效控制，生态环境质量明显改善。生态文明观念在全社会牢固树立”。十七大会议还决定将“建设资源节约型、环境友好型社会”写入《中国共产党章程（修正案）》。这一切充分表明环境保护作为基本国策真正进入了国家经济社会生活的主干线、主战场和大舞台，中国环保事业迎来了空前难得的历史机遇。

盛世环保，教育先行。只有全民环境保护意识普遍提高，社会各界都来关心支持和广泛参与环保事业，困扰人们的环境问题才能得到有效解决。作为国内唯一一家环境保护专业出版社，向广大读者传播生态文明理念、普及环保知识、促进公众参与是我们义不容辞的职责。在广泛调研的基础上，中国环境科学出版社从 2009 年开始全面启动了《全民环境教育系列读本》编写工作，并将其列为全社重点开发的六大产品线之一。《全民环境教育系列读本》力求内容上紧密结合公众了解环保知识的需求，形式上充分照顾普通读者的阅读习惯，简明易懂，清晰活泼，以期对促进生态文明观念在全社会牢固树立发挥积极作用。

经过一年多的努力，这套系列读本终于和读者见面了。系列读本包括《生态文明简明知识读本》、《环境形势与政策读本》、《企业环境保护知识读本》、《农村环境保护知识读本》、《公民环境保护知识读本》和《党政干部环境保护知识读本》共六册。这些读物在内容上与新时期环保中心工作紧密结合，力求准确反映环境保护事业的新形势、新理念、新进展、新挑战、新成就，努力做到准确、新颖、权威，可读性、实用性强，具有较强的时代特色。

以大型系列读本方式开发面向普通公众的环境教育读物，对我们来说是一次探索和尝试。目前出版的这套读本中难免还会有一些待改进之处，我们希望社会各界广大读者能就今后我们如何把后续读本编写得更好提出宝贵意见建议，与我们共同努力，使这套系列读本成为名副其实的全民环境教育的精品示范出版物。

中国环境科学出版社

2010 年 4 月

目 录

第一章　努力推进生态文明建设，积极探索中国环境保护新道路*

一、建设生态文明的重大意义

近年来，我国环保工作紧扣“努力推进生态文明建设，积极探索中国环保新道路”这个主题，深化认识，主动实践，取得诸多成效。思想认识更加统一，建设生态文明的自觉性、主动性极大增强；方式方法不断创新，保障人民群众环境权益的手段更加有力；政策措施日趋丰富，以环境保护优化经济增长的路子越走越宽。

生态文明是我们党以科学发展观为指导，立足经济快速增长中资源环境代价过大的严峻现实而提出的重大战略思想。党的十七大首次把建设生态文明作为一项战略任务明确下来，十七届四中全会再次将其提升到与经济建设、政治建设、文化建设、社会建设并列的战略高度，作为中国特色社会主义伟大事业总体布局的组成部分。这为解决我国人与自然的突出矛盾、加强环境保护、促进可持续发展提供了根本保证。

---

* 本章内容根据《环境保护部公报》2010 年第 2 期刊发的环境保护部部长周生贤在 2010 年全国环境保护工作会议上的讲话第二部分《努力推进生态文明建设，积极探索中国环境保护新道路》摘编。

生态文明建设所追求的是在更高层次上实现人与自然、环境与经济、人与社会的和谐。生态文明建设的提出，既是文明形态的进步，又是社会制度的完善；既是价值观念的提升，又是生产生活方式的转变。作为人类文明的一种高级形态和中国特色社会主义事业总体布局的组成部分，生态文明建设主要涵盖先进的生态伦理、发达的生态经济、完善的生态制度、基本的生态安全和良好的生态环境等。它以把握自然规律、尊重和维护自然为前提，以人与自然、人与人、人与社会和谐共生为宗旨，以资源环境承载力为基础，以建立可持续的生产方式、产业结构、消费模式以及增强可持续发展能力为着眼点，强调人的自觉与自律，人与自然的相互依存、相互促进、共处共融。其具有四个鲜明特征：在价值观念上，生态文明要求给自然以平等态度和人文关怀；在实践途径上，生态文明体现为自觉自律的生产生活方式；在社会关系上，生态文明推动社会走向和谐；在时间跨度上，生态文明是长期艰巨的建设过程。经过改革开放 30 多年的发展，我国具备了推进生态文明建设的经济技术基础、社会思想意识和体制机制保障。进一步加强生态文明建设，时机已经来临，条件已经具备，航程已经开启。

二、高擎生态文明建设大旗，积极探索中国环保新道路

环境保护工作的历史进程，将直接决定生态文明建设的进展。环境保护取得的任何成效、任何突破，都是对生态文明建设的积极贡献。对环保部门而言，最根本的要求就是，围绕什么是生态文明，怎样建设生态文明，高擎生态文明建设的大旗，勇于担当生态文明建设的倡导者、引领者和践行者，在更高层面上、更大范围内审视

和解决我国突出的环境问题，继续探索中国环保新道路。

改革开放30多年是我国环保事业大发展的30多年，也是不懈探索中国环保新道路的30多年。中国同西方发达国家国情不同、发展阶段不同、目标任务和需要解决的问题不同，西方发达国家走过的“先污染后治理、牺牲环境换取经济增长”的环保老路，已被历史所诟病，我国需要推陈出新，独辟蹊径，探索走环境与经济融合的环保新道路。改革开放30多年来，我们一直朝着这个目标摸索前行，不动摇不懈怠，有成功的经验，也有深刻的教训。

探索中国环保新道路，是一个勇于创新、勇于变革，永不僵化、永不停滞，不断取得新经验新成果的历程。接力棒薪火相传，新征程与时俱进。中国环保新道路，从探索过程看，具有继承性和创新性，每一个创新都是对过去实践经验的总结和升华；从探索重点看，具有多重性和阶段性，每个阶段都有不同的探索重点；从探索内涵看，具有包容性和开放性，新道路是一个海纳百川、高度开放的系统工程；从探索任务看，具有长期性和前瞻性，要求着眼长远，从根本上扭转环境污染和生态恶化趋势；从探索途径看，具有实践性和针对性，必须立足当前解决现实的环境问题。

探索中国环保新道路是理论问题，也是实践问题。人类的认识遵循实践、认识、再实践、再认识的辩证规律。我们认识上的每一步深化，实践上的每一次行动，工作上的每一个进步，都是对中国环保新道路的探索和贡献。我们努力在实践中探索，在探索中实践，对环保新道路的认识愈来愈全面和深刻。

三、探索中国环保新道路的必然性和紧迫性

我国环境问题具有“共同但又独特”的特性。发达国家上百年工

业化过程中分阶段出现的环境问题，在我国改革开放 30 多年的快速发展中集中出现，呈现结构性、压缩性、复合性、区域性和全国性五大基本特征。随着我国工业化、城镇化和新农村建设进程的加快，经济社会发展与资源环境约束的矛盾越来越显现出来，环境形势十分严峻，环境压力继续加大。摸索出一条代价小、效益好、排放低、可持续发展的环境保护新路子，既是历史的必然，也是现实的呼唤。

早在 1973 年，国务院召开第一次全国环境保护会议，就提出“全面规划、合理布局、综合利用、化害为利、依靠群众、大家动手、保护环境、造福人民”的 32 字方针。1983 年召开的第二次全国环境保护会议，环境保护被确立为基本国策。1989 年召开的第三次全国环境保护会议，形成了我国环境管理“八项制度”。1992 年，我国在世界上率先制定了环境与发展十大对策，将可持续发展作为一项国家战略。1996 年召开的第四次全国环境保护会议，明确提出“保护环境就是保护生产力”，把主要污染物排放总量控制和绿色工程作为改善环境质量的两大重要举措。2002 年召开的第五次全国环境保护会议，要求把环境保护工作摆上同发展生产力同样重要的位置。2006 年召开的第六次全国环保大会，明确提出了“三个转变”。这一系列重大决策部署和环保系统坚持不懈的努力，大大推进了探索环保新道路的历程，积累了比较丰富的经验。历任环保部门的老领导都是探索中国环保新道路的先行者，几代环保人都是探索中国环保新道路的实践者。

进入 21 世纪，环境保护面临新形势新任务新要求，坚持继续探索环保新道路，主要基于以下几个方面的考虑。一是对环境保护的认识更加丰富深刻成熟。中央以科学发展观为指导思想，提出了建设生态文明、推进环境保护历史性转变、让江河湖泊休养生息等一系列战略思想、方针和任务，成为环境保护的全新指导思想。二是环境保护正处于艰难的负重爬坡阶段和优化经济增长的新阶段。近些年来，环境保护取得明显成效，局部地区环境质量有了较大改善，但是环境污染恶化的趋势总体尚未得到根本扭转。环境保护处于保护与破坏、改善与恶化相持的阶段，犹如逆水行舟、不进则退。历史性转变的提出，标志和预示着我国进入了以保护环境优化经济增长的新阶段。探寻新的对策是形势使然。三是全面推进重点突破的总体思路加快实施。“十一五”以来，环保工作坚持全面推进、重点突破，把污染防治作为环境保护的重中之重，把确保群众饮水安全作为首要任务，把主要污染物减排作为中心工作。需要适应总体工作思路的新要求，继续对环保新道路要解决的难题进行有效探索。四是人民群众对改善环境质量有了许多新期待。需要优先解决危害群众健康、影响人民生产生活的环境问题，使人民群众在宜居的环境中生产生活。五是关注的领域和治理模式日益拓展。随着我国城镇化进程的加速，城镇生活污染和农村环境问题开始凸显。传统的环境污染问题尚未解决，重金属污染、持久性有机物污染等潜在环境问题又不断显现。环境保护要从根本上改变原有的被动局面，必须在污染源头主动出击，切实加强防范。六是国际上的环境压力明显加大。为积极应对全球气候变化问题，我国宣布到 2020 年单位 GDP 二氧化碳排放量比 2005 年降低 40%～45%，这样对我国未来 10 年发展中解决资源环境问题必将产生巨大的资金和技术需求。这就要求我们进行新的探索，既化解国际环境压力，又解决困扰自身长远发展的难题。

四、探索中国环保新道路的方向和原则

第一，从时代要求看，必须坚持环境与经济相融合，大力推进

发展方式转变和经济结构调整。环境与经济是相互联系、相互作用、相互依赖、相互贯通的统一体，不能把环境与经济的关系割裂开来、对立起来。一部环境保护的历史就是一部正确处理环境与经济关系的历史。环境问题究其本质，是经济结构、生产方式和发展道路问题，离开经济发展谈环境保护必然是“缘木求鱼”，离开环境保护谈经济发展势必是“无源之水”。正确的经济政策就是正确的环境政策，正确的环境政策也是正确的经济政策。我们要充分发挥环境保护参与宏观调控的先导作用和倒逼机制，紧紧围绕推进经济发展方式转变和经济结构战略性调整，以环境容量优化区域布局，以环境管理优化产业结构，以环境成本优化增长方式，转变发展方式、提升经济质量、增强发展后劲，大力促进经济转型。

第二，从核心任务看，必须坚持把环境保护摆在更加重要的战略位置，加快推进历史性转变。做好新形势下的环保工作，关键是要加快实现“三个转变”，即：从重经济增长轻环境保护转变为保护环境与经济增长并重，在保护环境中求发展；从环境保护滞后于经济发展转变为环境保护和经济发展同步，努力做到不欠新账，多还旧账，改变先污染后治理、边治理边破坏的状况；从主要用行政办法保护环境转变为综合运用法律、经济、技术和必要的行政办法解决环境问题，自觉遵循经济规律和自然规律，提高环境保护工作水平。“三个转变”是战略性、方向性、历史性的转变。历史性转变是环境保护领域深入贯彻落实科学发展观的集中体现，是环境保护所处历史方位的准确判断，是全面调整环境与经济关系的重要指南。现实情况是，对照“并重”、“同步”和“综合”的要求，仍有大量艰巨工作任务需要尽快完成。加快实现历史性转变，必须把环境保护摆在更加突出的战略位置，与经济社会发展统筹考虑、统一安排、同时部署。

第三，从价值取向看，必须坚持环保为民的根本宗旨，切实解决关系民生的突出环境问题。“国以民为上，民以生为先”。环境保护是重大的民生问题，关系群众健康和福祉。随着生活水平的提高，人民群众对生活质量提出了更高要求。较高的生活质量具体表现为，有干净的水、新鲜的空气、安全的食品和优美的生态环境。我们必须坚持发展惠民、环保为民，切实解决危害人民群众健康的突出环境问题，让人民群众喝上干净的水，呼吸上清洁的空气，吃上放心的食物，这是探索环保新道路的出发点和落脚点。

第四，从实现途径看，必须坚持人与自然和谐相处，让江河湖泊休养生息。2008 年初，胡锦涛总书记发出“让江河湖泊休养生息”的号召，为从根本上为我国水环境问题指明了方向，是水环境乃至重要生态系统保护的指导思想。以史为鉴，可正发展观。让江河湖泊休养生息，是综合运用经济社会发展规律和自然规律指导环境保护工作的重要体现，其核心是以人为本、改善民生，目标是恢复生机、提升活力，前提是遵循规律、道法自然，方法是系统管理、综合治理，关键是控源截污、转型发展。给予江河湖泊以人文关怀，以环境容量和生态承载能力为依据，充分发挥生态系统的自我修复能力，综合运用工程、技术和生态的方法，注意采取法律、经济、技术和必要的行政手段，既要扬汤止沸，又要釜底抽薪，解决长期积累的水环境问题。同时，着手谋划让湿地、草原、森林等重要生态系统休养生息的政策措施。

第五，从动力源泉看，必须坚持体制机制创新，尽早形成全社会保护环境的强大合力。体制机制更带有根本性、全局性、稳定性、长期性和有效性。注重制度建设，是新时期加强环境保护的一条鲜活经验。探索环保新道路，既要抓紧解决影响环保事业发展的突出现实问题，又要锲而不舍地解决深层次矛盾，创新体制、机制和制度，充分发挥地区、部门、单位、企业、家庭和个人的积极性主动性创造性，汇聚成全社会保护环境的强大合力。在这方面对于环保系统的广大干部职工更是使命光荣、责无旁贷。构建科学完善的体制机制，探索环保新道路必将充满无限生机和不竭动力。

五、把握六大关系，探索中国环保新道路框架体系

（1）全局与局部

正确处理全局与局部的关系，制定与我国基本国情相适应的环境保护宏观战略体系。在社会主义初级阶段，绝不可能用停止发展的方式来保护环境，但社会主义初级阶段也绝不宽容污染，发展必须与节约资源、保护环境同步推进。环境保护需要与基本国情及其阶段性特征相适应，过于超前，经济发展和环境保护的成本加大。明显滞后，则经济发展和环境保护势必难以为继。要把环境保护上升到国家意志的战略高度，把环境保护的基本国策与实施可持续发展战略和科教兴国战略，与走新型工业化道路和构建和谐社会，与转变发展方式和调整经济结构，与区域发展、产业振兴等重大战略规划结合起来，统筹谋划，同步实施，逐步建立起有利于环境保护的宏观战略体系。

（2）预防与控制

正确处理预防与控制的关系，建立全防全控的防范体系。环境保护贯穿于生产、流通、分配和消费的各个环节，涉及工业、农业、交通运输、建筑和服务等各个领域，关系到政府机关、学校、科研院所、社区和家庭等社会组织的各个方面。立足从根本上解决环境

问题，需要建立起覆盖经济社会发展各个环节、各个领域和各个方面的污染防控体系，从生产源头和全过程减轻环境污染。

（3）成本与效益

正确处理成本与效益的关系，健全高效的环境治理体系。在更高的层次上实现人与自然和谐，绝不能坐等大自然自行修复由于人类造成的伤害，而要充分发挥人的主观能动性，实施高效的环境治理，科学修复和改善自然。高效的环境治理，主要体现在兼顾环境效益和经济效益的内在统一，污染防治与生态保护的有机结合，在经济成本可接受的范围内，追求最佳的环境治理效果。依靠科技进步，坚持自主创新，主动探索科技含量高、资金投入少、区域适应性强、环境效益好的治理模式，以取得最大的治理成果。

（4）激励与约束

正确处理激励与约束的关系，完善与经济发展相协调的环境法规政策标准体系。国内外环境保护实践证明，改善环境质量，必须坚持激励与约束并举、引导与推动并重，完善环境法规政策标准体系。完备的环境法规，有利于增强环境保护的约束力，规范社会行为；经济环境一体化的政策创新，有利于保障资源有效配置，调动公众参与环境保护的积极性和主动性；建立健全环境标准，有利于提高污染减排效果，推动技术进步、产业升级和结构调整。当前，建立和完善环境法规政策标准体系尤为重要。

（5）统一监管与分工负责

正确处理统一监管与分工负责的关系，构建完备的环境管理体系。管理出效益，管理出生产力。应当建立最广泛的“环保统一战线”，不断完善党委领导、政府负责、环保部门统一监管、有关部门协调配合、全社会共同参与的环境管理体系。建立健全环境保护的责任制和问责制，真正把地方政府对环境质量负责的要求落到实处。积极探索环境管理大部制，加强组织体系建设，强化基层环保能力，形成政令畅通、高效有力的决策执行系统。

（6）规范引导与自觉自律

正确处理规范引导与自觉自律的关系，形成全民参与环境保护的社会行动体系。众人拾柴火焰高。环境保护是全社会共同参与共同建设共同享有的神圣事业。保护环境不仅要靠法律、制度、规则等外在的规范约束来保证，也要靠生态道德、生态意识等内在的自觉自律来开展。要通过有效的宣传教育和舆论引导，让生态意识成为大众文化意识，让绿色消费、适度消费成为全体公民的自觉行动。想方设法多开辟途径，方便社会民众广泛参与环境保护。全社会牢固树立生态文明意识之时，就是我国生态环境全面改善之日。

第二章　我国目前的环境状况*

一、我国环境保护的总体形势

2009 年，环保系统坚定不移地贯彻党中央、国务院关于环境保护的决策部署，坚持以探索中国环保新道路为主题，以做好国际金融危机形势下的环保工作为主线，以解决危害群众健康的突出环境问题为重点，进一步提高环保部门参与宏观调控的水平，污染减排取得明显成效，污染防治稳步推进，基础能力建设取得积极进展，较好地完成了 2009 年各项工作任务。

2009 年，中国地表水污染依然较重，七大水系总体为轻度污染，湖泊富营养化问题突出，近岸海域总体为轻度污染。城市空气质量总体良好，酸雨分布区域保持稳定。城市声环境质量总体较好。

二、主要污染物总量减排

（1）基本目标

《国民经济和社会发展第十一个五年规划纲要》提出了“十一

* 本章内容根据《环境保护部公报》2010 年第 6 期《2009 年中国环境状况公报》摘编。

五”期间单位国内生产总值能耗降低 20%左右，主要污染物排放总量减少 10%的约束性指标。到 2010 年，“十一五”污染减排的两项约束性指标化学需氧量和二氧化硫排放量分别比 2005 年下降 10%，即全国化学需氧量由 2005 年的 1 414.2 万吨减少到 1 272.8 万吨，二氧化硫排放量由 2 549.4 万吨减少到 2 294.4 万吨。

2009 年污染减排工作目标主要有：化学需氧量、二氧化硫排放量分别比 2008 年下降 3%和 2%以上，比 2005 年下降 8%和 9%，新增削减的化学需氧量 112 万吨、二氧化硫 190 万吨。确保新增城市污水日处理能力达到 1 000 万吨，新增燃煤电厂脱硫装机容量达到 5 000 万千瓦以上，新增 20 台（套）钢铁烧结机烟气脱硫设施。同时，狠抓已投运的 3 亿多千瓦燃煤电厂脱硫机组、1 300 多座污水处理厂的稳定运行和 6 000 多家国控重点污染源在线监测系统的国家与省联网工作。通过工程减排，新增削减化学需氧量 75 万吨、二氧化硫 140 万吨。分别淘汰炼铁、炼钢、造纸和电力落后生产能力 1 000 万吨、600 万吨、50 万吨和 1 500 万千瓦，实现新增削减化学需氧量 37 万吨、二氧化硫 50 万吨。

（2）主要污染物削减情况

2009 年，中国化学需氧量排放总量 1 277.5 万吨，比上年下降 3.27%；二氧化硫排放总量 2 214.4 万吨，比 2008 年下降 4.60%，继续保持了双下降的良好态势。与 2005 年相比，化学需氧量和二氧化硫排放总量分别下降 9.66%和 13.14%，二氧化硫减排进度已超过“十一五”减排目标要求。

（3）主要措施

2009 年，国务院召开了节能减排工作领导小组第三次会议，国务院办公厅印发了 2009 年节能减排工作安排。发布了上年各省（自治区、直辖市）以及国家电网公司和五大电力集团公司主要污染物总量减排考核结果及 2009 年上半年各省（自治区、直辖市）主要污染物排放量指标公报，对问题突出的部分地区和企业公开通报，责令限期整改或予以经济处罚；对 2009 年上半年减排进度较慢的 8 省（区）进行书面预警，约谈当地政府主要领导，进行督查指导。严格的考核问责引起了强烈反响，各地纷纷创新招数，强化措施。河北颁布了《减少污染物排放条例》；河南出台了《水污染防治条例》；贵州制定了《主要污染物总量减排攻坚工作行政问责办法》，对城市污水处理设施建设进度严重滞后的市（州）、县政府领导进行诫勉谈话；广西对未按计划完成城镇污水处理设施建设的 47 位市（县）政府主要领导在全区发出通报；江苏、浙江着手编制镇级污水处理设施建设规划；辽宁、江西、湖北等省全面推进污水处理一县一厂建设；甘肃、新疆、青海等地在财力不足的情况下挤出资金支持重点治污项目建设，有力地推动了减排工作的深入开展。

2009 年，工程减排、结构减排和管理减排三大措施稳步发挥效益。一是工程减排，全国新增城市污水日处理能力 1 330 万吨，超额完成年初确定的 1 000 万吨的任务；新增燃煤脱硫机组装机容量 1.02 亿千瓦，超额完成年初确定的 5 000 万千瓦的任务。此外，还新建成一批废水深度治理工程、钢铁烧结机烟气脱硫设施等。通过工程治理措施，全国新增化学需氧量减排量 116.6 万吨、二氧化硫减排量 173.4 万吨。二是结构减排，“上大压小”关停小火电装机容量 2 617 万千瓦，分别淘汰炼铁、炼钢、焦炭和水泥等落后产能 2 113 万吨、1 691 万吨、1 809 万吨和 7 416 万吨，关闭造纸、化工、酒精、味精和酿造等企业 1 200 多家。通过淘汰关停落后产能，全国新增化学需氧量减排量 26.3 万吨、二氧化硫减排量 84.2 万吨。三是管理减排，2007年以来，累计安排减排“三大体系”建设资金60.6亿元，建成污染源监控中心306个，对近13 000家重点企业实施了自动监控。国家环境信息与统计能力建设项目全面启动实施。2009年，国控废水和废气重点污染源排放达标率分别为78%和73%，较上年提高12个和13个百分点。

三、淡水环境

（1）状况

全国地表水污染依然较重。七大水系总体为轻度污染，浙闽区河流为轻度污染，西北诸河为轻度污染，西南诸河水质良好，湖泊（水库）富营养化问题突出。

（2）河流

长江、黄河、珠江、松花江、淮河、海河和辽河七大水系总体为轻度污染。203条河流408个地表水国控监测断面中，Ⅰ～Ⅲ类、Ⅳ～Ⅴ类和劣Ⅴ类水质的断面比例分别为57.3%、24.3%和18.4%。主要污染指标为高锰酸盐指数、五日生化需氧量和氨氮。其中，珠江、长江水质良好，松花江、淮河为轻度污染，黄河、辽河为中度污染，海河为重度污染。

长江水系 水质总体良好。103个国控监测断面中，Ⅰ～Ⅲ类、Ⅳ类、Ⅴ类和劣Ⅴ类水质的断面比例分别为87.4%、5.8%、2.9%和3.9%。主要污染指标为氨氮、五日生化需氧量和石油类。

长江干流水质总体为优。与2008年相比，水质无明显变化。

长江支流水质总体良好。与2008年相比，水质无明显变化。十大支流中，雅砻江、嘉陵江、乌江、沅江和汉江水质为优；大渡河、岷江、沱江、湘江和赣江水质良好。但赣江南昌段为轻度污染，主要污染指标为氨氮。

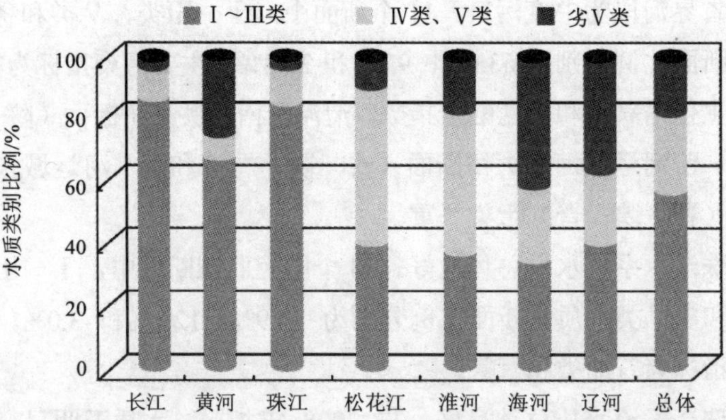

图 2-1　2009 年七大水系水质类别比例

省界河段水质为优。20 个断面中，Ⅰ～Ⅲ类、Ⅳ类和劣Ⅴ类水质的断面比例分别为 90.0%、5.0%和 5.0%。与 2008 年相比，水质无明显变化。污染最严重的断面是位于滁州皖—苏交界的滁河滁州汊河断面，水质为劣Ⅴ类，主要污染指标是氨氮、五日生化需氧量和高锰酸盐指数。

黄河水系　总体为中度污染。44 个国控监测断面中，Ⅰ～Ⅲ类、Ⅳ类、Ⅴ类和劣Ⅴ类水质的断面比例分别为 68.2%、4.5%、2.3%和 25.0%。主要污染指标为石油类、氨氮和五日生化需氧量。

黄河干流水质总体为优。与上年相比，水质无明显变化。

黄河支流总体为重度污染。与 2008 年相比，水质有所下降。主要污染指标为石油类、氨氮和五日生化需氧量。除伊河、洛河和沁河水质为优，伊洛河为轻度污染外，其余支流普遍污染严重。渭河下游西安段和渭南段，湟水河西宁下游段，汾河太原段、临汾段和运城段，北洛河渭南段，大黑河呼和浩特段，涑水河运城段污染严重。

省界河段为中度污染。11 个断面中，Ⅰ～Ⅲ类、Ⅴ类和劣Ⅴ类水质断面比例分别为 63.6%、9.1%和 27.3%。主要污染指标为氨氮、五日生化需氧量和高锰酸盐指数。渭河渭南潼关吊桥断面（陕—豫、晋）、汾河运城河津大桥断面（晋—陕、晋）和涑水河运城张留庄断面（晋—陕、晋）污染严重。

珠江水系 水质总体良好。33 个国控监测断面中，Ⅰ～Ⅲ类、Ⅳ类和劣Ⅴ类水质的断面比例分别为 84.9%、12.1%和 3.0%。主要污染指标为石油类和氨氮。

珠江干流水质总体良好。与 2008 年相比，水质无明显变化。珠江广州段为轻度污染，主要污染指标为石油类和氨氮。

珠江支流水质总体为优。与 2008 年相比，水质无明显变化。深圳河为重度污染，主要污染指标为五日生化需氧量、氨氮和高锰酸盐指数。

海南岛内河流：万泉河水质为优；海甸溪为轻度污染，主要污染指标为石油类。

省界河段水质为优。7 个断面中，Ⅱ类水质断面占 57.1%，Ⅲ类占 42.9%。与 2008 年相比，水质无明显变化。

松花江水系 总体为轻度污染。42 个国控监测断面中，Ⅰ～Ⅲ类、Ⅳ类、Ⅴ类和劣Ⅴ类水质的断面比例分别为 40.5%、47.6%、2.4%和 9.5%。主要污染指标为高锰酸盐指数、石油类和氨氮。

松花江干流总体为轻度污染。主要污染指标为高锰酸盐指数和氨氮。与 2008 年相比，水质明显好转。

松花江支流总体为中度污染。主要污染指标为五日生化需氧量、氨氮和高锰酸盐指数。与 2008 年相比，水质无明显变化。

5 个省界断面中，Ⅱ类水质断面 1 个、Ⅲ类水质断面 2 个、Ⅳ类水质断面 2 个。

淮河水系　总体为轻度污染。86 个国控监测断面中，Ⅰ～Ⅲ类、Ⅳ类、Ⅴ类和劣Ⅴ类水质的断面比例分别为 37.3%、33.7%、11.6% 和 17.4%。主要污染指标为高锰酸盐指数、五日生化需氧量和石油类。

淮河干流水质总体良好。与 2008 年相比，水质有所好转。

淮河支流总体为中度污染。主要污染指标为高锰酸盐指数、五日生化需氧量和氨氮。与上年相比，水质无明显变化。主要一级支流中，史灌河和潢河水质为优，浉河水质良好，洪河、洪河分洪道、西淝河、沱河和浍河为轻度污染，涡河和颍河为重度污染。

省界河段为中度污染。33 个断面中，Ⅰ～Ⅲ类、Ⅳ类、Ⅴ类和劣Ⅴ类水质的断面比例分别为 18.2%、45.4%、15.2%和 21.2%。主要污染指标为高锰酸盐指数、五日生化需氧量和石油类。与 2008 年相比，水质无明显变化。

海河水系　总体为重度污染。64 个国控监测断面中，Ⅰ～Ⅲ类、Ⅳ类、Ⅴ类和劣Ⅴ类水质的断面比例分别为 34.4%、10.9%、12.5% 和 42.2%。主要污染指标为高锰酸盐指数、五日生化需氧量和氨氮。

海河干流总体为重度污染，主要污染指标为氨氮。与 2008 年相比，水质无明显变化。

海河水系其他主要河流总体为重度污染。主要污染指标为五日生化需氧量、高锰酸盐指数和氨氮。与上年相比，水质略有好转。主要河流中，淋河和永定河水质为优，滦河水质良好，漳卫新河为中度污染，大沙河、子牙新河、徒骇河、北运河和马颊河为重度污染。

省界河段为重度污染。17 个断面中，Ⅰ～Ⅲ类、Ⅴ类和劣Ⅴ类水质断面比例分别为 47.1%、11.7%和 41.2%。主要污染指标为氨氮、五日生化需氧量和高锰酸盐指数。与2008年相比，水质有所好转。

辽河水系 总体为中度污染。36个国控监测断面中，Ⅰ～Ⅲ类、Ⅳ类、Ⅴ类和劣Ⅴ类水质的断面比例分别为41.7%、13.9%、8.3%和36.1%。主要污染指标为五日生化需氧量、氨氮和石油类。

辽河干流总体为中度污染。主要污染指标为五日生化需氧量、高锰酸盐指数和氨氮。老哈河水质为优，东辽河和西辽河为轻度污染，辽河为重度污染。与2008年相比，老哈河和西辽河水质有所好转，东辽河水质有所下降，辽河水质无明显变化。

辽河支流总体为重度污染。与2008年相比，水质无明显变化。西拉沐沦河为轻度污染，条子河和招苏台河为重度污染。主要污染指标为高锰酸盐指数、五日生化需氧量和氨氮。

大辽河及其支流总体为重度污染。浑河沈阳段、太子河本溪段和鞍山段以及大辽河营口段污染严重。主要污染指标为石油类、氨氮和五日生化需氧量。与2008年相比，水质无明显变化。

大凌河总体为中度污染。主要污染指标为石油类、氨氮和高锰酸盐指数。与2008年相比，水质有所好转。

3个省界断面中，Ⅱ类水质、Ⅴ类水质、劣Ⅴ类水质断面各1个。与2008年相比，水质有所下降。

浙闽区河流 总体为轻度污染。32个国控监测断面中，Ⅰ～Ⅲ类和Ⅳ类水质的断面比例分别为68.7%和31.3%。主要污染指标为石油类、氨氮和五日生化需氧量。

西南诸河 水质总体良好。17个国控监测断面中，Ⅰ～Ⅲ类、Ⅴ类和劣Ⅴ类水质的断面比例分别为88.2%、5.9%和5.9%。主要污染指标为铅。

西北诸河 总体为轻度污染。26个国控监测断面中，Ⅰ～Ⅲ类、Ⅳ类、Ⅴ类和劣Ⅴ类水质的断面比例分别为73.1%、19.3%、3.8%

和3.8%。主要污染指标为石油类、氨氮和五日生化需氧量。

（3）湖泊（水库）

26个国控重点湖泊（水库）中，满足Ⅱ类水质的1个，占3.9%；Ⅲ类的5个，占19.2%；Ⅳ类的6个，占23.1%；Ⅴ类的5个，占19.2%；劣Ⅴ类的9个，占34.6%。主要污染指标为总氮和总磷。营养状态为重度富营养的1个，占3.8%；中度富营养的2个，占7.7%；轻度富营养的8个，占30.8%；其他均为中营养，占57.7%。

表2-1　2009年重点湖库水质类别

湖库类型	个数	Ⅰ类	Ⅱ类	Ⅲ类	Ⅳ类	Ⅴ类	劣Ⅴ类	主要污染指标
三湖*	3	0	0	0	0	1	2	总氮、总磷
大型淡水湖	9	0	0	3	2	1	3	
城市内湖	5	0	0	0	2	1	2	
大型水库	9	0	1	2	2	2	2	
总计	26	0	1	5	6	5	9	
比例/%		0	3.9	19.2	23.1	19.2	34.6	

注：＊三湖是指太湖、滇池和巢湖。

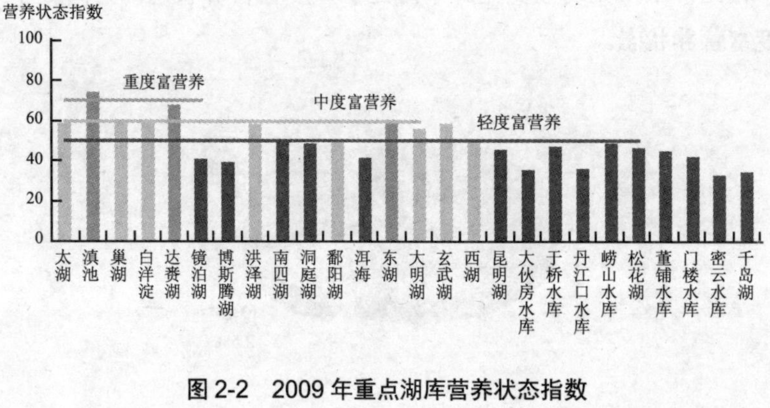

图2-2　2009年重点湖库营养状态指数

太湖 水质总体为劣Ⅴ类。主要污染指标为总氮和总磷。湖体处于轻度富营养状态。与 2008 年相比，水质无明显变化。

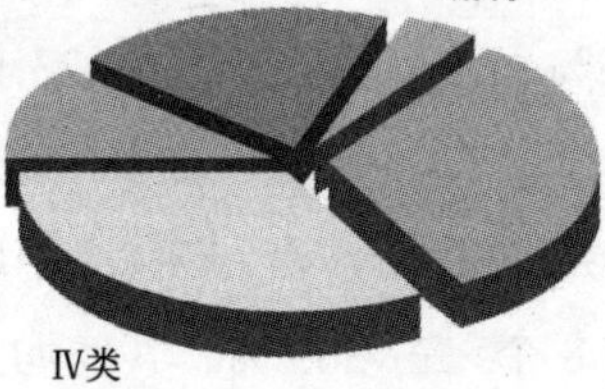

图 2-3 2009 年太湖环湖河流水质类别比例

太湖环湖河流总体为轻度污染。88 个国控监测断面中，Ⅰ～Ⅲ类、Ⅳ类、Ⅴ类和劣Ⅴ类水质的断面比例分别为 36.3%、33.0%、11.4% 和 19.3%。主要污染指标为氨氮、五日生化需氧量和石油类。与 2008 年相比，水质有所好转。

滇池 水质总体为劣Ⅴ类。主要污染指标为总磷和总氮。与上年相比，水质无明显变化。草海处于重度富营养状态，外海处于中度富营养状态。

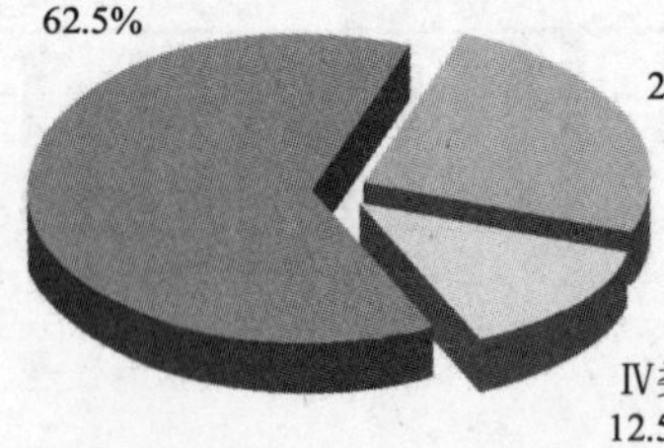

图 2-4 2009 年滇池环湖河流水质类别比例

滇池环湖河流总体为重度污染。8 个国控监测断面中，Ⅱ类、Ⅳ类和劣Ⅴ类水质的断面比例分别为 25.0%、12.5%和 62.5%。主要污染指标为氨氮、五日生化需氧量和石油类。与 2008 年相比，水质有所下降。

巢湖　水质总体为Ⅴ类。主要污染指标为总磷、总氮和石油类。与上年相比，水质无明显变化。西半湖处于中度富营养状态，东半湖处于轻度富营养状态。

巢湖环湖河流总体为重度污染。12 个国控监测断面中，Ⅲ类、Ⅳ类、Ⅴ类和劣Ⅴ类水质的断面比例分别为 16.7%、33.3%、8.3%和 41.7%。主要污染指标为石油类、氨氮和高锰酸盐指数。

其他大型淡水湖泊　监测的 9 个重点国控大型淡水湖泊中，洱海、镜泊湖和博斯腾湖为Ⅲ类水质，鄱阳湖和南四湖为Ⅳ类水质，洞庭湖为Ⅴ类水质，达赉湖、白洋淀和洪泽湖为劣Ⅴ类水质。各湖主要污染指标为总氮和总磷。与 2008 年相比，镜泊湖水质好转，洱海水质变差，其他大型淡水湖水质无明显变化。

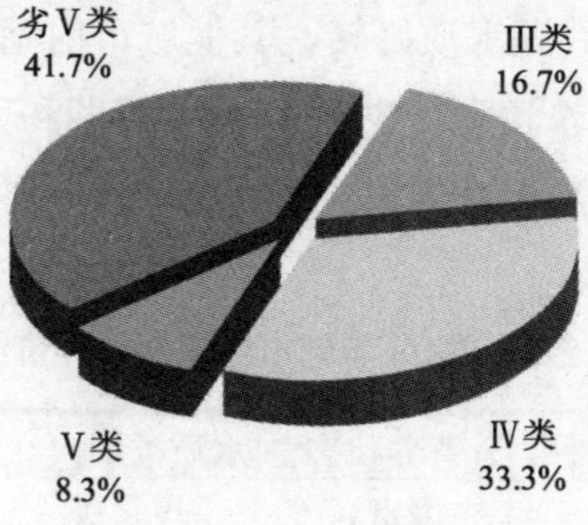

图 2-5　2009 年巢湖环湖河流水质类别比例

南四湖、洞庭湖、洱海、镜泊湖和博斯腾湖为中营养状态，白洋淀、洪泽湖和鄱阳湖为轻度富营养状态，达赉湖为中度富营养状态。

表 2-2 2009 年重点大型淡水湖泊水质状况

名称	营养状态指数	营养状态	水质类别	主要污染指标
达赉湖	67.7	中度富营养	劣Ⅴ	pH、高锰酸盐指数、总磷
白洋淀	59.5	轻度富营养	劣Ⅴ	氨氮、总氮、总磷
洪泽湖	58.0	轻度富营养	劣Ⅴ	总氮、总磷
鄱阳湖	50.6	轻度富营养	Ⅳ	总磷、总氮
南四湖	49.6	中营养	Ⅳ	石油类、总磷、总氮
洞庭湖	48.1	中营养	Ⅴ	总磷、总氮
洱海	41.0	中营养	Ⅲ	—
镜泊湖	40.2	中营养	Ⅲ	—
博斯腾湖	38.8	中营养	Ⅲ	—

城市内湖 监测的 5 个城市内湖中，东湖（武汉）和昆明湖（北京）为Ⅳ类水质，玄武湖（南京）为Ⅴ类水质，大明湖（济南）和西湖（杭州）为劣Ⅴ类水质。各湖主要污染指标为总氮和总磷。与 2008 年相比，东湖和玄武湖水质好转，其他城市内湖水质无明显变化。

昆明湖为中营养状态，玄武湖、大明湖和西湖为轻度富营养状态，东湖为中度富营养状态。

表 2-3 2009 年城市内湖水质评价结果

名称	营养状态指数	营养状态	水质类别	主要污染指标
东湖	60.3	中度富营养	Ⅳ	总磷、总氮
玄武湖	58.8	轻度富营养	Ⅴ	总磷、总氮、石油类
大明湖	55.7	轻度富营养	劣Ⅴ	总氮
西湖	50.5	轻度富营养	劣Ⅴ	总氮、石油类
昆明湖	45.2	中营养	Ⅳ	总氮

大型水库　监测的 9 座大型水库中，密云水库（北京）为Ⅱ类水质，董铺水库（安徽）和千岛湖（浙江）为Ⅲ类水质，松花湖（吉林）和丹江口水库（湖北、河南）为Ⅳ类水质，于桥水库（天津）和大伙房水库（辽宁）为Ⅴ类水质，崂山水库（山东）和门楼水库（山东）为劣Ⅴ类水质。各水库主要污染指标为总氮。与 2008 年相比，千岛湖和松花湖水质好转，其他 7 座大型水库水质无明显变化。

9 座大型水库均为中营养状态。

表 2-4　2009 年大型水库水质评价结果

名称	营养状态指数	营养状态	水质类别	主要污染指标
崂山水库	48.6	中营养	劣Ⅴ	总氮
于桥水库	47.1	中营养	Ⅴ	总氮
松花湖	45.9	中营养	Ⅳ	总磷、总氮
董铺水库	44.6	中营养	Ⅲ	—
门楼水库	41.7	中营养	劣Ⅴ	总氮
丹江口水库	35.6	中营养	Ⅳ	总氮
大伙房水库	34.9	中营养	Ⅴ	总氮
千岛湖	34.0	中营养	Ⅲ	—
密云水库	32.7	中营养	Ⅱ	—

（4）重点水利工程

三峡库区　水质为优，6 个国控监测断面水质均为Ⅱ类。

南水北调东线工程沿线　总体为轻度污染。10 个国控监测断面中，Ⅰ～Ⅲ类、Ⅳ类和劣Ⅴ类水质的断面比例分别为 40.0%、50.0% 和 10.0%。主要污染指标为石油类、高锰酸盐指数和五日生化需氧量。与 2008 年相比，水质无明显变化。

（5）地下水环境质量状况

经对北京、辽宁、吉林、上海、江苏、海南、宁夏和广东 8 个省（自治区、直辖市）641 眼井的水质监测，水质适用于各种使用用途的Ⅰ～Ⅱ类监测井占评价监测井总数的 2.3%，适合集中式生活饮用水水源及工农业用水的Ⅲ类监测井占 23.9%，适合除饮用外其他用途的Ⅳ～Ⅴ类监测井占 73.8%。主要污染指标是总硬度、氨氮、亚硝酸盐氮、硝酸盐氮、铁和锰等。

2009 年，全国 202 个城市的地下水水质以良好—较差为主，深层地下水质量普遍优于浅层地下水，开采程度低的地区优于开采程度高的地区。总体来看，全国地下水水质状况较 2008 年变化不大，水质总体呈恶化趋势或好转趋势的分布较为分散。

（6）全国重点城市主要集中式饮用水源地水质

2009 年，全国重点城市共监测 397 个集中式饮用水水源地，其中地表水水源地 244 个，地下水水源地 153 个。监测结果表明，重点城市年取水总量为 217.6 亿吨，达标水量为 158.8 亿吨，占 73.0%；不达标水量为 58.8 亿吨，占 27.0%。

（7）重点水功能区达标状况

全国监测评价水功能区 3 219 个，按水功能区水质管理目标评价，全年水功能区达标率为 42.9%，其中一级水功能区（不包括开发利用区）达标率为 53.2%，二级水功能区达标率为 36.7%。

（8）内陆渔业水域环境质量状况

江河重要渔业水域主要受到总磷、非离子氨、高锰酸盐指数及铜、镉的污染。总磷污染仍以黄河、长江及黑龙江流域部分渔业水域相对较重，非离子氨污染以黄河流域部分渔业水域相对较重，高锰酸盐指数污染以黑龙江及黄河流域部分渔业水域相对较重，铜污染以辽河、黄河及长江流域部分渔业水域相对较重。与 2008 年相比，非离子氨和镉超标范围有所减小，总磷、高锰酸盐指数、石油类、挥发酚和铜的超标范围均有不同程度增大。

湖泊（水库）重要渔业水域主要受到总氮、总磷和高锰酸盐指数的污染，总磷和总氮的污染仍较重。与 2008 年相比，总氮、总磷和铜的超标范围有所减小，高锰酸盐指数和石油类超标范围有所增大。

（9）废水和主要污染物排放量

2009 年，全国废水排放总量为 589.2 亿吨，比上年增加 3.0%；化学需氧量排放量为 1 277.5 万吨，比上年下降 3.3%；氨氮排放量为 122.6 万吨，比 2008 年下降 3.5%。

表 2-5　全国废水和主要污染物排放量年际变化

项目	废水排放量/亿吨			化学需氧量排放量/万吨			氨氮排放量/万吨		
年度	合计	工业	生活	合计	工业	生活	合计	工业	生活
2006	536.8	240.2	296.6	1 428.2	541.5	886.7	141.3	42.5	98.8
2007	556.8	246.6	310.2	1 381.8	511.1	870.8	132.3	34.1	98.3
2008	572	241.9	330.1	1 320.7	457.6	863.1	127	29.7	97.3
2009	589.2	234.4	354.8	1 277.5	439.7	837.8	122.6	27.3	95.3

（10）措施与行动

【地下水污染调查评价工作】2005 年开始，国土资源部启动了全国地下水污染调查评价工作，调查了解中国地下水污染状况，综合评价地下水污染程度及变化趋势，进行全国地下水污染防治与保护区划，建立地下水水质与污染预警系统，为地下水污染防治和地下水资源保护提供科学依据。截至 2009 年年底，先后开展了珠江三角洲、长江三角洲、淮河流域平原区、华北平原等区域地下水污染调查评价工作。投入资金约 1.4 亿元，完成调查面积 43 万平方千米。在一些典型场地开展了地下水污染运移机理研究、污染风险评价和污染防治示范工作。

【最严格的水资源管理制度】2009 年初，回良玉副总理在全国水利工作会议上强调要从中国的基本水情出发，实行最严格的水资源管理制度。水利部提出要围绕水资源的配置、节约和保护，明确水资源开发利用红线，严格实行用水总量控制；明确水功能区限制纳污红线，严格控制入河排污总量；明确用水效率控制红线，坚决遏制用水浪费。一年来，水利部进一步加大取水许可和水资源论证、节水型社会建设、水功能区监督管理等各项工作力度，会同国家发展和改革委员会、财政部、环境保护部、国务院法制办等 10 个部委制定了《关于实施最严格水资源管理制度的意见》，上报国务院。

【重点流域水污染防治专项规划实施情况考核】根据《国务院办公厅关于转发环境保护部等部门重点流域水污染防治专项规划实施情况考核暂行办法的通知》要求，2009 年 6 月 25 日至 7 月 10 日，环境保护部会同国家发展和改革委员会、监察部、财政部、住房和城乡建设部、水利部组成 10 个组，分别对海河、辽河、三峡库区及其上游、黄河中上游、巢湖、滇池、太湖等重点流域的 21 个省（自治区、直辖市）水污染防治“十一五”专项规划 2008 年度实施情况进行了考核（淮河、松花江流域已先行进行了考核，不列入本次考核范围）。

【全国环境保护部际联席会议】为贯彻落实胡锦涛总书记提出

的“要让江河湖泊休养生息、恢复生机”的重要指示精神，环境保护部会同国务院有关部门分别在长春、扬州、西安、沈阳召开了全国环境保护部际联席会议（松花江、淮河、黄河中上游流域水污染防治专题会议）、全国饮用水源保护工作会议暨辽河流域水污染防治现场会等重要会议，环境保护部周生贤部长发表重要讲话，分析了重点流域污染防治工作存在的问题，提出了各项政策措施，安排部署了下一步工作。有关情况向胡锦涛总书记做了汇报，总书记对重点流域污染防治工作做出了重要批示，肯定了松花江和淮河治污进展取得明显成效，并要求加大污染防治力度，为建设生态文明作出积极贡献。

【重金属污染防治】为落实党中央、国务院领导的重要批示，环境保护部会同国家发展和改革委员会等七部门联合制定了关于加强重金属污染防治工作指导意见，经国务院第 83 次常务会审议，《国务院办公厅转发环境保护部等部门关于加强重金属污染防治工作指导意见的通知》下发实施，明确了重金属污染防治的目标任务、工作重点以及相关政策措施，为深入做好重金属污染防治工作奠定坚实基础。2009 年，环境保护部联合国务院九部门开展了重金属污染企业专项检查，共检查企业 9 123 家，查处环境违法企业 2 183 家，取缔关闭 231 家，停产整治 641 家。

【“锰三角”整治工作】2009 年 4 月 16 日，环境保护部周生贤部长现场考察了湘黔渝交界“锰三角”地区河流交界断面和企业，主持召开了“锰三角”地区环境综合整治工作座谈会，全面部署了深入推进综合整治工作的思路和措施。全国电解锰行业专项环境整治工作从 6 个方面制定 19 项统一的整治标准。有力地促进了电解锰行业落后产能的淘汰，向经济部门移交移送拟关闭取缔的 24 条不符合产业政策的生产线案件，淘汰产能共计 5 万吨；全面推动了环保部门对电解锰行业的监管，对 16 家企业补办了环评、“三同时”手续，对 34 家企业进行了停产整治；投入 3.4 亿元整治资金，明显提升了电解锰企业环境管理水平。2009 年，投入中央环保资金 1.6 亿元，对锰渣规范堆存、铬渣无害化处置、污染治理新技术等示范工程给予资金及技术支持。将“锰三角”地区 9 条河流和 1 个水库的 17 个监测断面纳入国家环境监测网，将清水江水质自动站纳入国控地表水自动站管理。

【全国集中式饮用水源地基础环境状况调查与评估】 2009 年，环境保护部组织开展了全国典型乡镇集中式饮用水水源基础环境状况调查及评估工作。据调查，中国共有 2.5 万多个乡镇集中式饮用水水源，包括 700 多个规划水源和备用水源，其中地下水型、河流型和湖库型水源分别占 57%、28%和 15%；这些水源服务于 2.2 万个乡镇，占全国乡镇总数的 54%；供水服务人口过 2 亿，超过全国乡村人口总数的四分之一。

按照水源服务人口多、区域特征明显、覆盖所有县级行政区等原则，筛选了服务于 0.62 亿人口的 3 737 个典型乡镇集中式饮用水水源（以下简称“典型水源”）进行深入调查，其中地下水型、河流型和湖库型水源分别占 50%、28%和 22%。调查表明，南方地区典型水源水质好于北方，西部地区好于东部。从安全服务人口来看，典型水源水质状况从好到差依次为湖库型、河流型和地下水型。从流域来看，浙闽区河流和西南诸河流域典型水源水质状况较好；珠江、西北诸河、辽河、黄河和长江流域次之；淮河和海河流域较差；松花江流域典型水源以地下水为主，水质状况最差（主要原因是铁和锰天然背景值超标）。

四、海洋环境

（1）状况

- **海水水质**

全国近岸海域水质总体为轻度污染。与 2008 年相比，水质无明显变化。

2009 年，近岸海域监测面积共 279 940 平方千米，其中一、二类海水面积 213 208 平方千米，三类为 18 834 平方千米，四类、劣四类为 47 898 平方千米。

按照监测点位计算，一类和二类海水比例为 72.9%，比上年上升 2.5 个百分点；三类海水占 6.0%，比上年下降 5.3 个百分点；四类和劣四类海水占 21.1%，比 2008 年上升 2.8 个百分点。

图 2-6　2009 年全国近岸海域水质类别

四大海区近岸海域中，黄海和南海近岸海域水质良，渤海近岸海域水质一般，东海近岸海域水质差。北部湾和黄河口海域水质优，一、二类海水比例在 90%以上；渤海湾、辽东湾、胶州湾和闽江口海域水质差，一、二类海水比例低于 60%且劣四类海水比例低于 30%；长江口、杭州湾和珠江口水质极差，劣四类海水比例均占 40%以上，其中杭州湾最差，劣四类海水比例高达 100%。与 2008 年相比，渤海湾、胶州湾和长江口一、二类海水比例上升 10 个百分点以上。

渤海 近岸海域为轻度污染。一、二类海水比例为 71.4%，较 2008 年上升 4.0 个百分点；四类和劣四类海水占 20.4%，上升 8.2 个百分点。主要污染指标为无机氮、活性磷酸盐和铅。

黄海 近岸海域水质为良。一、二类海水比例为 90.7%，较 2008 年下降 1.9 个百分点；无四类海水；劣四类海水占 1.9%，下降 1.9 个百分点。主要污染指标为无机氮、活性磷酸盐和石油类。

东海 近岸海域为中度污染。一、二类海水占 45.2%，较 2008 年上升 6.3 个百分点；四类和劣四类海水占 47.4%，上升 4.2 个百分点。主要污染指标为无机氮、活性磷酸盐和化学需氧量。

南海 近岸海域水质为良。一、二类海水比例为 90.1%，较 2008 年上升 0.8 个百分点；无四类海水；劣四类海水占 6.9%，上升 1.1 个百分点。主要污染指标为无机氮、活性磷酸盐和 pH。

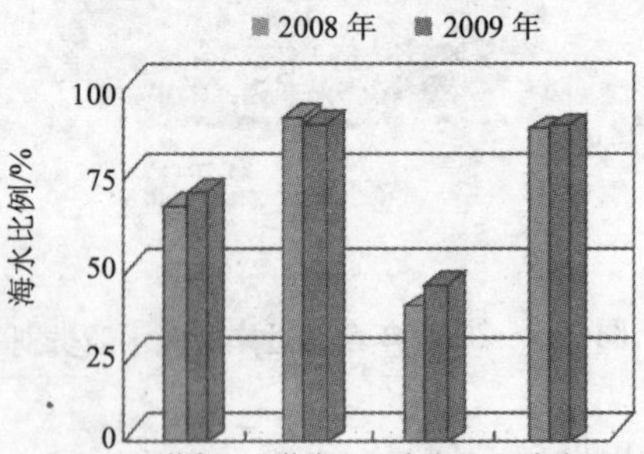

图 2-7 2009 年四大海区近岸海域一、二类海水比例

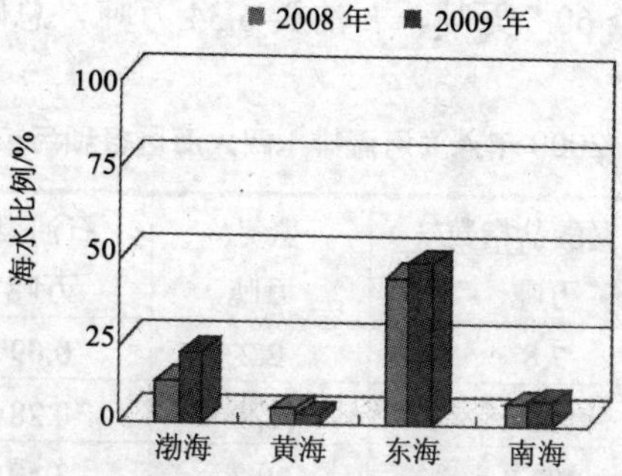

图 2-8　2009 年四大海区近岸海域四类、劣四类海水比例

- **近岸海域沉积物质量**

2009 年，全海域沉积物质量状况总体良好。近岸局部海域沉积物受到镉、铜、滴滴涕和石油类的污染。

- **陆源污染物入海状况**

入海河流　204 个入海河流监测断面水质总体较差，河流污染物入海量大于直排海污染源污染物入海量。东海的河流污染物入海总量远高于其他海区。

表 2-6　2009 年入海河流监测断面水质类别

海区	水质类别/个						
	Ⅰ	Ⅱ	Ⅲ	Ⅳ	Ⅴ	劣Ⅴ	合计
渤海	0	3	4	5	10	28	50
黄海	0	5	15	13	11	9	53
东海	0	3	7	6	4	5	25
南海	0	6	19	27	6	18	76
合计	0	17	45	51	31	60	204

204 个入海河流断面主要污染物排海总量约为：高锰酸盐指数

448.4 万吨，氨氮 60.5 万吨，石油类 6.34 万吨，总磷 25.8 万吨。

表 2-7 2009 年入海河流排入四大海区各项污染物总量

海区	高锰酸盐指数/万吨	氨氮/万吨	石油类/万吨	总磷/万吨
渤海	7.8	2.2	0.09	0.19
黄海	26	2.8	0.28	0.78
东海	302.8	39.3	3.49	21.15
南海	111.8	16.2	2.48	3.68
合计	448.4	60.5	6.34	25.8

直排海污染源 466 个日排污水量大于 100 吨的直排海工业污染源、生活污染源和综合排污口的污水排放总量为 47.60 亿吨，各项污染物排放总量为：化学需氧量 27.25 万吨，石油类 1 412 吨，氨氮 32 757 吨，总磷 3 608 吨，汞 0.331 4 吨，六价铬 1.26 吨，铅 2.39 吨，镉 2.36 吨。

表 2-8 2009 年各类直排海污染源排放情况

污染源类别	废水量/亿吨	化学需氧量/万吨	石油类/吨	氨氮/吨	总磷/吨	汞/吨	六价铬/吨	铅/吨	镉/吨
工业	15.46	4.16	319	1 479	82	0.001 4	0.28	0.61	0.06
生活	6.76	6.21	303	11 319	1 139	—	—	—	—
综合	25.38	16.88	790	19 959	2 387	0.33	0.98	1.78	2.30
合计	47.60	27.25	1 412	32 757	3 608	0.331 4	1.26	2.39	2.36

表 2-9 2009 年四大海区受纳直排海污染源污染物情况

海区	废水量/亿吨	化学需氧量/万吨	氨氮/万吨	石油类/吨	总磷/吨
渤海	1.62	0.75	0.14	77.5	43.5
黄海	8.97	5.01	0.56	86.4	870.4
东海	27.27	13.85	1.27	732.1	1 332.6
南海	9.74	7.64	1.31	516.5	1 362.2

- **海洋渔业水域环境状况**

海洋重要鱼、虾、贝、藻类的产卵场、索饵场、洄游通道及自然保护区主要受到无机氮、活性磷酸盐和石油类的污染。东海部分渔业水域无机氮和活性磷酸盐污染较重，珠江口活性磷酸盐和石油类污染较重，渤海湾石油类污染较重。与 2008 年相比，无机氮、石油类和铜的超标范围有所增大，化学需氧量的超标范围有所减小。

海水重点养殖区主要受到无机氮、活性磷酸盐和石油类的污染。无机氮污染以南海部分养殖水域相对较重，活性磷酸盐污染以东海部分养殖水域相对较重。与 2008 年相比，无机氮、活性磷酸盐和化学需氧量的超标范围有所减小，石油类的超标范围有所增大。

海洋重要渔业水域沉积物主要受到石油类、铜、镉和砷的污染。镉污染以南海部分渔业水域相对较重，铜污染以东海和珠江口部分渔业水域相对较重。

- **赤潮**

2009 年，全海域共发现赤潮 68 次，累计面积约 14 100 平方千米。与 2008 年赤潮发现次数相同，赤潮累计面积基本持平。其中，500 平方千米以上的大面积和较大面积赤潮 6 次，分别发生在渤海湾、长江口外浙江舟山北部、浙江中部渔山列岛与台州列岛海域和黄海的山东日照与海阳及乳山附近海域，累计面积 9 120 平方千米。

（2）措施与行动

【国家海洋环境保护联合执法】 为加大海洋环境保护工作力度，促进沿海地区经济社会与海洋环境协调发展，2009 年 7 月，环境保护部、国家发展和改革委员会、监察部、财政部、住房和城乡建设部、交通运输部、农业部、国家海洋局联合印发了《关于开展海洋环境保护联合执法检查的通知》，部署了全国海洋环境保护联合执法检查工作。10 月下旬，在各地自查基础上，环境保护部、国家发展和改革委员会、监察部、财政部、住房和城乡建设部、交通运输部、农业部、国家海洋局、全军环办等九部门组成三个检查组分别赴黄海、渤海和南海实地检查了南通、盐城、连云港、唐山、葫芦岛、盘锦、大连、北海和钦州等九个城市的海洋环境保护工作，重点检查了沿海开发区、工业企业和工业园区污水处理厂、港口码头生活污水处理厂和垃圾处理厂、海水养殖场、自然保护区以及部分围填海项目，并对检查中发现的问题提出了整改要求。此次检查进一步推进了全国海洋环境保护工作，解决了一些突出的海洋环境保护问题。

五、大气环境

（1）状况

全国城市空气质量总体良好，比 2008 年有所提高，但部分城市污染仍较重；全国酸雨分布区域保持稳定，但酸雨污染仍较重。

- **空气质量**

2009 年，全国 612 个城市开展了环境空气质量监测，其中达到一级标准的城市 26 个（占 4.2%），达到二级标准的城市 479 个（占

78.3%)，达到三级标准的城市 99 个（占 16.2%），劣于三级标准的城市 8 个（占 1.3%）。全国地级及以上城市环境空气质量的达标比例为 79.6%，县级城市的达标比例为 85.6%。

地级及以上城市（含地、州、盟首府所在地）　空气质量达到国家一级标准的城市占 3.7%，二级标准的占 75.9%，三级标准的占 18.8%，劣于三级标准的占 1.6%。

可吸入颗粒物年均浓度达到或优于二级标准的城市占 84.3%，劣于三级标准的占 0.3%。

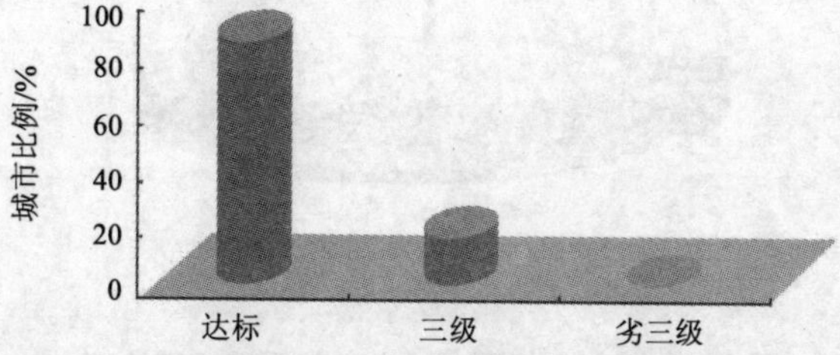

图 2-9　2009 年可吸入颗粒物浓度分级的城市比例

二氧化硫年均浓度达到或优于二级标准的城市占 91.6%，无劣于三级标准的城市。

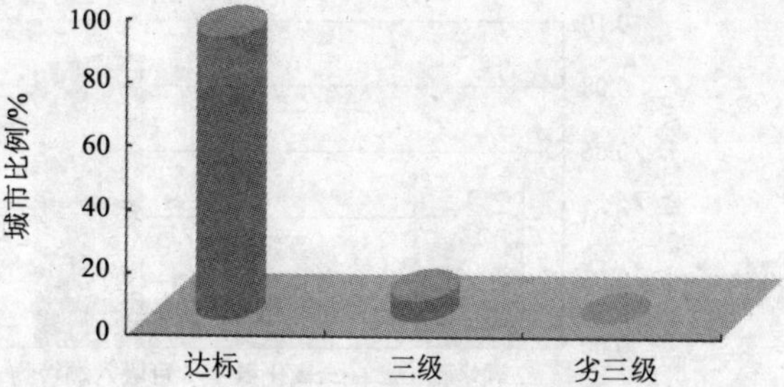

图 2-10　2009 年二氧化硫浓度分级的城市比例

所有地级及以上城市二氧化氮年均浓度均达到二级标准，86.9%的城市达到一级标准。

重点城市 113 个环境保护重点城市空气质量有所提高，空气质量达到一级标准的城市占 0.9%，达到二级标准的占 66.4%，达到三级标准的占 32.7%。与 2008 年相比，达标城市比例上升了 9.8 个百分点。

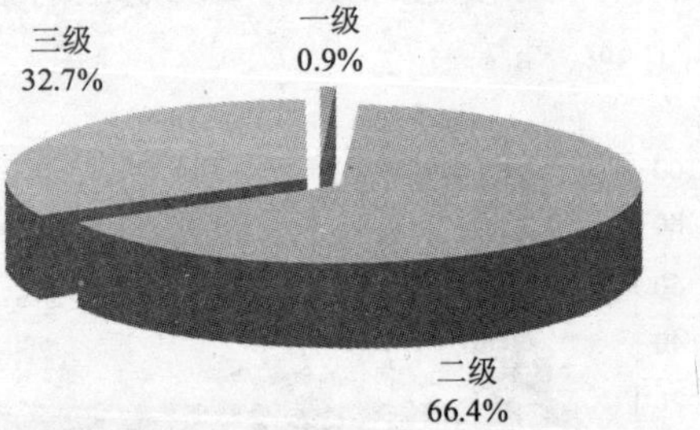

图 2-11 2009 年重点城市空气质量级别比例

2009 年，环境保护重点城市总体平均的二氧化氮浓度与 2008 年相比持平，二氧化硫和可吸入颗粒物浓度均略有降低。

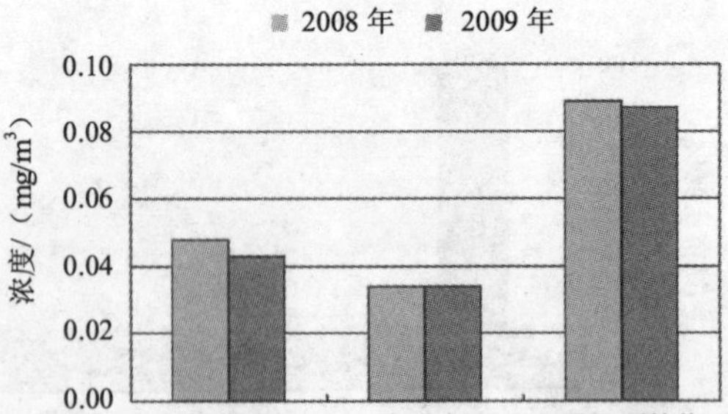

图 2-12 2009 年重点城市污染物浓度年际比较

- **酸雨**

酸雨频率 监测的 488 个城市（县）中，出现酸雨的城市 258 个，占 52.9%；酸雨发生频率在 25%以上的城市 164 个，占 33.6%；酸雨发生频率在 75%以上的城市 53 个，占 10.9%。

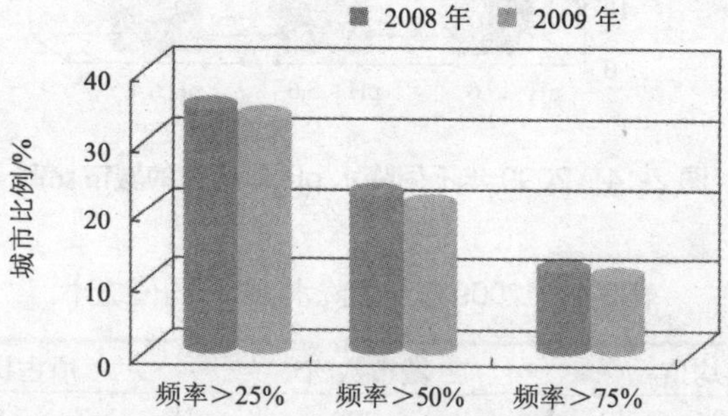

图 2-13 2009 年不同酸雨发生频率的城市比例

表 2-10 2009 年全国酸雨发生频率分段统计

酸雨发生频率/%	城市数/个	所占比例/%
0	230	47.1
0～25	94	19.3
25～50	62	12.7
50～75	49	10
≥75	53	10.9

降水酸度 与 2008 年相比，发生较重酸雨（降水 pH 值<5.0）的城市比例降低 2.8 个百分点，发生重酸雨（降水 pH 值<4.5）的城市比例降低 0.8 个百分点。

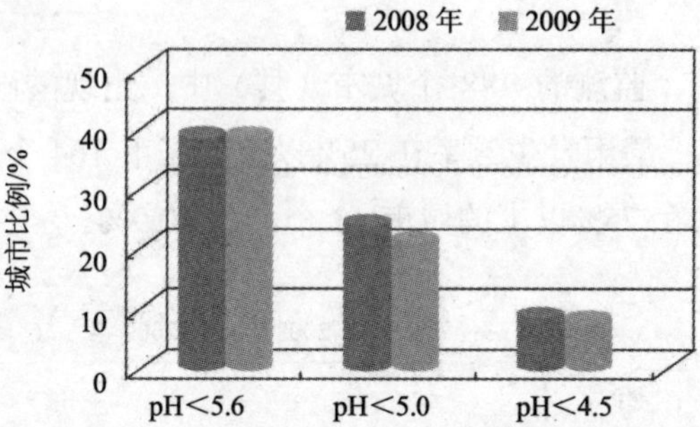

图 2-14 2009 年不同降水 pH 年均值的城市比例

表 2-11 2009 年全国降水 pH 年均值统计

pH 年均值	城市数/个	所占比例/%
＜4.5	39	8
4.5～5.0	65	13.3
5.0～5.6	85	17.4
5.6～7.0	217	44.5
≥7.0	82	16.8

酸雨分布 全国酸雨分布区域主要集中在长江以南—青藏高原以东地区。主要包括浙江、江西、湖南、福建、重庆的大部分地区以及长江、珠江三角洲地区。酸雨发生面积约 120 万平方千米，重酸雨发生面积约 6 万平方千米。与 2008 年相比，酸雨区域分布格局未发生明显变化。

- **废气中主要污染物排放量**

2009 年，二氧化硫排放量为 2 214.4 万吨，烟尘排放量为 847.2 万吨，工业粉尘排放量为 523.6 万吨，分别比 2008 年下降 4.6%、6.0%、11.7%。

表 2-12　全国废气中主要污染物排放量所际变化

年度	二氧化硫排放量/万吨			烟尘排放量/万吨			工业粉尘排放量/万吨
	合计	工业	生活	合计	工业	生活	
2006	2 588.8	2 234.8	354.0	1 088.8	864.5	224.3	808.4
2007	2 468.1	2 140.0	328.1	986.6	771.1	215.5	698.7
2008	2 321.2	1 991.3	329.9	901.6	670.7	230.9	584.9
2009	2 214.4	1 866.1	348.3	847.2	603.9	243.3	523.6

（2）措施与行动

【大气污染防治法修订】2009 年，环境保护部组织修订《大气污染防治法（修订草案）》。草案结合当前大气污染防治的新形势以及管理的新要求，在总量控制、排污许可证管理、机动车环境管理以及处罚力度上均有重大调整。12 月 30 日，环境保护部部常务会议审议并原则通过《大气污染防治法（修订草案）》，已报国务院法制办。

【机动车污染防治工作】环境保护部加强机动车污染防治工作。一是及时发布公告。2009 年 9 月，环境保护部发布公告，规定自当年 10 月 1 日起，在全国范围内非道路机械实施第二阶段排放标准。还对摩托车三项国家污染物排放标准的实施方案进行适当调整。二是用车管理制度不断完善。建立机动车环保标志管理制度，加强机动车环保检验合格标志管理。2009 年 7 月，环境保护部制定《机动车环保检验合格标志管理规定》，开始对机动车标志管理进行统一和规范。三是积极开展黄标车加速淘汰工作。环境保护部下发《关于落实汽车以旧换新政策鼓励黄标车提前报废的通知》，明确淘汰工作程序和职责分工，对各地提出有关要求。

【区域大气污染联防联控工作】世博会和亚运会环境保障工作不断推进。环境保护部对广州亚运会、上海世博会进行了工作调研，并召开专题座谈会，对珠三角、长三角区域联防联控工作进行了全面部署。广州亚运会空气质量保障方案已获得广东省政府批准，上海市已于2009年11月1日提前实施机动车国家第四阶段排放标准，亚运会和世博会空气保障工作全面展开。

六、声环境

（1）状况

全国 74.6%的城市区域声环境质量处于好和较好水平，环境保护重点城市区域声环境质量处于好和较好水平的占 76.1%。全国94.6%的城市道路交通声环境质量为好和较好，环境保护重点城市道路交通声环境质量处于好和较好水平的占 96.5%。城市各类功能区昼间达标率为 87.1%，夜间达标率为 71.3%。

区域环境噪声　监测的 354 个城市中，区域声环境质量好的城市占 5.9%，较好的占 68.7%，轻度污染的占 24.3%，中度污染的占1.1%。与 2008 年相比，全国城市区域声环境质量好的城市下降了1.3 个百分点，较好的上升了 4.2 个百分点，轻度污染的下降了 3.0个百分点，中度污染的上升了 0.1 个百分点。

环境保护重点城市区域环境噪声等效声级范围在 45.9～60.8 分贝之间，区域声环境质量处于好和较好水平的城市占 76.1%，轻度污染的占 23.0%，中度污染的占 0.9%。

图 2-15　2009 年城市区域声环境质量状况

道路交通噪声　监测的 334 个城市中，67.1%的城市道路交通声环境质量为好，27.5%的城市较好，4.2%的城市为轻度污染，0.9%的城市为中度污染，0.3%的城市为重度污染。与 2008 年相比，全国城市道路交通声环境质量好的城市上升了 1.8 个百分点，较好的上升了 0.4 个百分点，轻度污染的与上年持平，中度污染的下降了 2.0 个百分点，重度污染的下降了 0.2 个百分点。

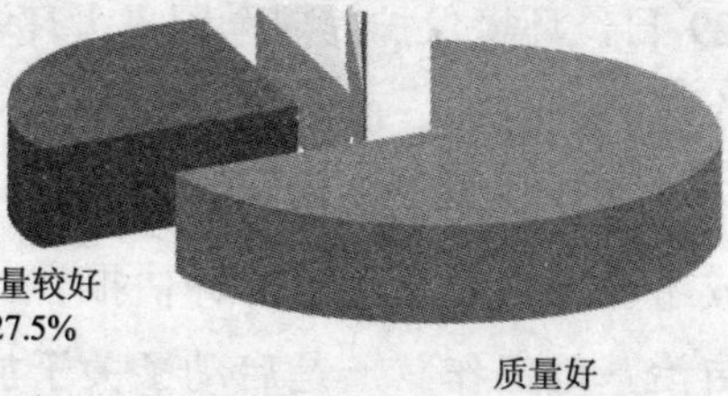

图 2-16　2009 年城市道路交通声环境质量状况

环境保护重点城市道路交通噪声平均等效声级范围在 63.0～71.6 分贝之间，道路交通声环境质量好的城市占 57.5%，较好的占 39.0%，轻度污染的占 3.5%。

城市功能区噪声 监测的 244 个城市中，各类功能区监测点位全年昼间达标 7 288 点次，占昼间监测点次的 87.1%；夜间达标 5 968 点次，占夜间监测点次的 71.3%。各类功能区昼间达标率高于夜间，3 类功能区好于其他类功能区。

环境保护重点城市各类功能区昼间达标率为 86.3%，夜间达标率为 67.3%。

表 2-13 2009 年全国城市功能区监测点位达标情况

功能区	0 类		1 类		2 类		3 类		4 类	
类别	昼	夜	昼	夜	昼	夜	昼	夜	昼	夜
达标点次	111	101	1 608	1 447	2 072	1 929	1 536	1 442	1 961	1 049
监测点次	190	190	1 912	1 912	2 389	2 389	1 636	1 636	2 240	2 240
达标率/%	58.4	53.2	84.1	75.7	86.7	80.7	93.9	88.1	87.5	46.8

（2）措施与行动

【噪声污染防治工作】深入开展噪声污染防治法评估工作。2009 年 10 月 29 日，环境保护部向全国人大环资委报告了中国噪声污染防治工作取得的进展、面临的问题和下一步工作建议，并配合全国人大环资委分赴北京市和浙江省，开展了噪声污染防治情况调研，完成了噪声污染防治法的评估报告。本年度还注意加强了噪声污染防治基础工作。一是启动了关于加强噪声污染防治的管理意见编制工作。二是分别于 8 月和 12 月在哈尔滨和北京组织召开了全国噪声污染防治座谈会，交流噪声污染防治经验。三是组织实施噪声质量标准的宣贯工作，组织编制完成了噪声污染防治法规政策文件汇编。

七、固体废物

（1）状况

2009 年，全国工业固体废物产生量为 204 094.2 万吨，比 2008 年增加 7.3%；排放量为 710.7 万吨，比上年减少 9.1%；综合利用量（含利用往年贮存量）、贮存量、处置量分别为 138 348.6 万吨、20 888.6 万吨、47 513.7 万吨。危险废物产生量为 1 429.8 万吨，综合利用量（含利用往年贮存量）、贮存量、处置量分别为 830.7 万吨、218.9 万吨、428.2 万吨。

表 2-14 2009 年全国工业固体废物产生及处理情况

产生量/万吨		综合利用量/万吨		贮存量/万吨		处置量/万吨	
合计	危险废物	合计	危险废物	合计	危险废物	合计	危险废物
204 094.2	1 429.8	138 348.6	830.7	20 888.6	218.9	47 513.7	428.2

（2）措施与行动

【大中城市固体废物污染防治信息发布】2009 年，230 个城市发布了上一年固体废物污染防治信息。与 2008 年相比，发布信息的城市数量增加了 24 个。山东、浙江、江苏、河南、广东、甘肃、山西、河北、陕西和贵州等省组织有力，开展信息发布工作的城市较多。

【危废经营许可证颁发情况】2009 年，环境保护部继续推动《危险废物经营许可证管理办法》的实施，先后发布了《危险废物经营单位记录和报告经营情况指南》和《危险废物经营单位审查和许可指南》。积极稳妥应对甲型 H1N1 流感疫情，发布了《应对甲型 H1N1 流感疫情医疗废物管理预案》，加强对医疗废物处理处置工作的指导。截至 2009 年年底，环境保护部及全国 31 个省（自治区、直辖市）的环保部门共颁发危险废物经营许可证 1 400 余份。2009 年，持危险废物经营许可证的单位实际利用处置危险废物近 800 万吨；全国环保部门对危险废物经营单位进行了数千次现场检查和指导，进一步加强了对危险废物经营单位的管理。

【进口废物审批情况】2009 年，环境保护部会同商务部、国家发展和改革委员会、海关总署、国家质检总局发布公告，调整了《进口废物管理目录》；发布了《进口废钢铁环境保护管理规定（试行）》，进一步明确和规范了进口废钢铁审批管理的程序和环境保护要求。共向 2 977 家进口废物加工利用单位签发 13 265 个固体废物进口许可证，各类废物实际进口量 5 981 万吨（其中废船 413 艘，合 305 万轻吨），进口总金额为 223.9 亿美元。加强了与有关国家之间关于废物越境转移控制的信息交换和联合查证合作，交换信息 129 次，阻止了 38 批次固体废物向中国非法转移。

【危废出口情况】2009 年，环境保护部共受理危险废物出口核准申请 12 件，审核通过 8 件。出口的危险废物涉及电镀污泥、镍镉、镍氢、锂、碱锰/锰锌电池、废汞灯等类别，共计 4 330 吨。

【电子废物管理情况】2009 年 2 月 25 日，国务院公布了《废弃电器电子产品回收处理管理条例》。该条例确立了废弃电器电子产品集中处理、废弃电器电子产品处理资格许可、废弃电器电子产品处理基金、废弃电器电子产品处理发展规划等制度。落实国务院家电“以旧换新”政策，环境保护部发布了《关于贯彻落实家电以旧换新政策加强废旧家电拆解处理环境管理的指导意见》，积极推动家电“以旧换新”的污染防治工作。

【铬渣综合整治情况】截至 2009 年底，全国累计处置铬渣超过 200 万吨。列入《铬渣污染综合整治方案》的 19 个省（自治区、直辖市）中，山东和浙江两省的铬渣已全部处置完毕。河北、山西、内蒙古、辽宁、江苏、河南、湖南、湖北、重庆、四川、云南、甘肃、陕西、青海和新疆等省（自治区、直辖市）铬渣处置设施已建成并投入使用。天津和吉林的铬渣处置设施尚在建设之中。

八、辐射环境

（1）状况

2009 年，全国辐射环境质量总体良好。环境电离辐射水平基本保持稳定，核设施、核技术利用设备周围环境电离辐射水平总体未见明显变化；环境电磁辐射水平总体情况较好，除个别大功率发射设施周围局部环境综合场强略超国家标准外，其他电磁辐射设施设备周围环境电磁辐射水平满足国家标准。

环境电离辐射　全国重点城市环境γ辐射剂量率，气溶胶、沉降物总α和总β活度浓度，空气中氚化水活度浓度为正常环境水平。长江、黄河、珠江、松花江、淮河、海河和辽河七大水系，西南和西北诸河、南水北调、浙闽区河流、重要湖泊和水库放射性核素活度浓度与历年监测结果相比未见明显变化，其中天然放射性核素活度浓度与 1983—1990 年全国环境天然放射性水平调查时的监测值处于同一水平。开展监测的集中式饮用水源地总α和总β活度浓度均低于《生活饮用水卫生标准》（GB 5749—2006）规定的限值。近岸海域海水人工放射性核素锶 90 和铯 137 活度浓度均在《海水水质标准》（GB 3097—1997）规定限值内。开展监测的土壤放射性核素活度浓度与历年监测结果相比未见明显变化，其中天然放射性核素活度浓度与 1983—1990 年全国环境天然放射性水平调查时的监测值处于同一水平。

运行核电厂周围环境电离辐射　浙江秦山核电基地、广东大亚湾/岭澳核电厂和江苏田湾核电厂安全运行，外围辐射环境连续监测系统所测的γ辐射剂量率（未扣除宇宙射线响应值）年均值分别为 103.1×10^{-9} 戈/时、124.5×10^{-9} 戈/时和 101.5×10^{-9} 戈/时，处于所在地区的天然本底范围内，未监测到超过国家标准剂量限值的核电厂排放事件。浙江秦山核电基地周围关键居民点空气、降水、地表水及部分生物样品中氚活度浓度，广东大亚湾/岭澳核电厂和江苏田湾核电厂排放口附近海域海水氚活度浓度与核电站运行前本底值相比有所升高，但其对公众产生的附加剂量远低于国家规定的限值。运行核电厂外围各种环境介质中除氚外其余放射性核素活度浓度未见明显变化。

其他反应堆及核燃料循环设施周围环境电离辐射　中国原子能科学研究院、清华大学核能与新能源技术研究院、山东省地质科学实验研究院、中国核动力研究设计院、陕西省西北核技术研究所等研究设施外围环境γ辐射剂量率，气溶胶、沉降物、地表水、土壤和生物样品中放射性核素活度浓度与历年监测结果相比未见明显变化；饮用地下水总α和总β活度浓度低于《生活饮用水卫生标准》（GB 5749—2006）规定的限值。包头核燃料元件厂、中核建中核燃料元件公司、陕西铀浓缩有限公司、中核四〇四有限公司、西北低中放废物处置场、兰州铀浓缩有限公司、北龙低中放废物处置场等核燃料循环设施外围环境γ辐射剂量率为正常环境水平，其余环境介质中也未监测到企业生产、加工、贮存、处理的放射性核素活度浓度异常升高。

铀矿冶及伴生放射性矿周围环境电离辐射　中核北方铀业有限公司本溪铀矿、中核浙江衢州铀业有限责任公司、中核抚州金安铀业有限公司、中核赣州金瑞铀业有限公司、衡阳新华化工冶金总公司、中核金原铀业有限责任公司桂林分公司、南宁新原核工业有限公司七〇一矿、贵州原核工业七六一矿、贵州原核工业二七六厂、新疆中核天山铀业有限公司等铀矿冶设施周围环境空气中氡活度浓度，气溶胶、沉降物总α和总β活度浓度，地下水和生物样品中放射性核素铀和镭 226 活度浓度未见异常；但极少数铀矿冶设施因矿石运输沿途散落，造成矿区边界和运矿公路周围个别监测点位γ辐射剂量率高于运行前水平；同时受历年排放的废水和尾矿坝渗漏水的影响，部分铀矿冶设施周围环境个别监测点位放射性核素铀和镭 226 活度浓度高于《铀矿冶辐射防护和环境保护规定》（GB 23727—2009）规定的限值。白云鄂博矿等部分伴生放射性矿的开采、冶炼、加工活动对企业周围局部环境产生了一定程度的影响。

电磁辐射设施周围环境辐射水平　环境电磁辐射水平总体情况较好，个别大功率发射设施周围局部环境存在超标现象。开展监测的移动通信基站天线周围环境敏感点的电磁辐射水平低于《电磁辐射防护规定》（GB 8702—88）规定的公众照射导出限值；个别大型广播发射台周边环境敏感建筑物部分监测点位环境综合场强略超《电磁辐射防护规定》（GB 8702—88）规定的公众照射导出限值；开展监测的各输电线和变电站周围环境敏感点工频电场强度和磁感应强度均低于《500 千伏超高压送变电工程电磁辐射环境影响评价技术规范》（JH/T 24—1998）规定的居民区工频电场评价标准和公众全天候辐射时的工频限值。

（2）措施与行动

【核与辐射安全监管工作】环境保护部加快核与辐射安全法规的编制进程，完成《核与辐射安全法规体系》和《核与辐射安全标准体系》。完成《放射性物品运输安全管理条例》及配套部门规章等一批法规。规范核设备的行政审批工作，加强核安全监督检查。加强运行核电厂安全日常监督检查和运行经验反馈工作。加强在建核电厂和拟建核电厂项目监管与审评，严格执行审批制度，把好源头准入关。坚持"受理有前提，不批不准动"和"积极稳妥、有序推进、均衡发展"的原则推进新项目工作。加强辐射安全许可工作的规范化，对全国各省（自治区、直辖市）放射源辐射安全许可证发放情况进行检查和督察。

【辐射环境监测工作】环境保护部依据《2009 年全国辐射环境监测工作要点》，健全辐射环境监测工作机制，构建科学的辐射环境监测技术方法体系，完成辐射环境国控网的监测，完成 9 项监测方法国家标准的修订工作，开展国家辐射环境监测网运行绩效考评工作。完成东北边境地区核辐射应急监测和国庆六十周年核与辐射安保应急备勤监测。开展了 1 000 千伏晋东南—南阳—荆门特高压交流试验示范工程电磁环境影响监测，修订完成一批电磁辐射环境质量和污染防治标准。

全面推进中央财政主要污染物减排专项资金——核与辐射监测能力建设项目，31 个省（自治区、直辖市）环境保护厅（局）签订 66 份合同。完成中国原子能科学研究院等重要核设施共 21 个在线预警监测点和 4 个数据中心的建设，初步形成了连续动态、数据共享的重要核设施辐射环境预警监测网络。有关省、地区核与辐射安全监督站完成 4 辆现场应急监测车和 4 套车载移动实验室配置。

九、自然生态

（1）状况

自然保护区建设与管理情况　截至 2009 年年底，全国（不含香港、澳门特别行政区和台湾地区）已建立各种类型、不同级别的自然保护区 2 541 个，保护区总面积约 14 700 万公顷，陆地自然保护区面积约占国土面积的 14.7%。其中，国家级自然保护区 319 个，面积 9 267 万公顷，分别占全国自然保护区总数和总面积的 12.6%和 62.7%。有 28 处自然保护区加入联合国教科文组织“人与生物圈保护区网络”，有 20 多处自然保护区成为世界自然遗产地组成部分。

截至 2009 年年底，林业系统自然保护区数量达到 2 012 处，面积 12 288.2 万公顷，约占国土面积的 12.8%。国家级自然保护区 247 处，面积 7 701.17 万公顷。

截至 2009 年年底，已建成各类海洋保护区 170 多处。其中，国家级海洋自然保护区 32 处，地方级海洋自然保护区 110 多处。海洋特别保护区 30 多处，其中国家级 16 处。

截至 2009 年年底，已建立水生生物自然保护区 200 多处。其中国家级 16 处，省级 52 处，市（县）级 130 多处，总面积 10 万多平方千米，保护区保护的国家重点保护水生野生动物数量占应保护物种的 40%。

截至 2009 年年底，已建设国家级农业野生植物资源原生境保护区 118 个，有效地保护了濒危、珍稀农业生物物种资源，为推动农业生物技术发展提供战略储备。

物种 中国幅员辽阔、海域宽广，自然条件复杂多样，孕育了极其丰富的物种资源和复杂多样的生态系统。

中国有森林、灌丛、草原、稀树草原、草甸、荒漠、湿地等陆地生态系统的各种类型，按群系分，森林 212 类、竹林 36 类、灌丛 113 类、草丛约 13 类、草甸 77 类、草原 55 类、荒漠 52 类。冻原、高山垫状植被和高山流石滩植被主要有 17 类。自然湿地包括沼泽 19 类，草本沼泽约 14 类，木本沼泽 4 类，泥炭沼泽 1 类。

中国近海有黄海、东海、南海和黑潮流域 4 个大海洋生态系统，近岸海域分布滨海湿地、红树林、珊瑚礁、河口、海湾、潟湖、岛屿、上升流、海草床等典型海洋生态系统，以及古贝壳堤、海底古森林、海蚀与海积地貌等自然景观和自然遗迹。

中国拥有高等植物 34 984 种，其中，苔藓植物 2 541 种，蕨类 2 270 种，裸子植物 245 种，被子植物 29 816 种。此外，几乎拥有温带的全部木本属。

中国约有脊椎动物 6 481 种，其中，哺乳类 581 种、鸟类 1 331 种、爬行类 412 种、两栖类 295 种、鱼类 3 862 种。列入国家重点保护野生动物名录的珍稀濒危野生动物共 420 种，大熊猫、朱鹮、金丝猴、华南虎、扬子鳄等数百种动物为我国所特有。

（2）措施与行动

【湿地生态系统保护恢复】2009 年，林业湿地项目完成中央投资 22 387 万元，用于实施 41 个项目。启动了第二次全国湿地资源调查，完成了北京、天津、吉林、黑龙江、江苏和广东 6 省市的湿地资源调查任务。新增国家湿地公园试点 62 处，国家湿地公园试点总数达到 100 处。在辽宁、黑龙江和广东 3 省开展了国家重要湿地确认试点。新增杭州西溪湿地 1 处国际重要湿地，中国国际重要湿地总数达到 37 块。目前，以湿地自然保护区、湿地公园为主的湿地保护网络体系初步形成，湿地保护面积达到 1 795 万公顷，占自然湿地总面积的 49.6%，湿地保护率比 2008 年增加了 0.6 个百分点。

【海洋保护区建设管理】各个保护区管理机构积极强化海洋保护区的海域使用、开发活动和海监执法管理，在国家级自然保护区设置了中国海监机构，出台了《海洋自然保护区建设管理技术规范》等国家和行业标准。深入开展规划编制、执法巡护、基础建设、科研调查、生态监测、灾害防治、教育宣传、公众参与、对外合作等各项管理工作，初步形成了布局基本合理、类型相对齐全、功能渐趋完善的海洋自然保护区体系。积极推进海洋生态损害补偿赔偿制度的建设和试点，为完善开发和保护相协调的海洋生态保护政策提供经济调控手段，为海洋生态保护与建设提供可持续的财政机制。在典型海洋生态系统集中分布区、外来物种入侵区、气候变化影响敏感区等区域，组织实施了一批典型海洋生态修复工程。积极推动建立海洋部门、环保部门的合作联动机制，共同开展污染总量控制合作试点。

【自然保护区综合管理】印发了《国家级自然保护区规范化建设管理导则》（试行），组织开展了 2009 年国家级自然保护区能力建设专项资金项目的申报和筛选，中央财政安排资金 1 亿元支持 58 个国家级自然保护区能力建设。经国务院批准同意，新建了 16 处国家级自然保护区，调整了 5 处国家级自然保护区的范围。环境保护部根据国务院办公厅的要求，确定并发布了这 21 处国家级自然保护区的面积、范围和功能分区。环境保护部利用环境小卫星对拟晋升和调整的国家级自然保护区进行了遥感监测和实地核查。成立了第五届国家级自然保护区评审委员会，开展了 2009 年度的评审工作。

环境保护部联合国土资源部、水利部、农业部、国家林业局、中国科学院和国家海洋局等部门对 50 处国家级自然保护区进行了管理评估。

加强涉及自然保护区开发建设活动的监督管理，审查了一批涉及自然保护区的开发建设项目，调查处理了一些涉及国家级自然保护区的违规事件。

【水产种质资源保护区建设、增殖放流及休渔禁渔】公布了 57 个国家级水产种质资源保护区（第三批），分布于长江、黑龙江和珠江等水系的 36 条江河、14 个湖泊，以及渤海、黄海、东海的 7 个海湾、岛礁和滩涂等水域生态系统，可保护四大家鱼、小黄鱼、刺参等上百种重要经济、濒危和地方特有水生生物种质资源及其产卵场、索饵场、越冬场、洄游通道等重要繁衍栖息场所。

2009 年，发布《水生生物增殖放流管理规定》，全国投入增殖放流资金 5.9 亿元，增殖放流各种鱼类、虾蟹类、贝类等共计 245 亿尾，举办了 12 次水生生物增殖放流活动，引导带动全国各地共实施增殖放流活动上千次。黄渤海、东海和南海海域的休渔时间统一向前延长了半个月，休渔作业类型统一为除单层刺网和钓具外的所有作业类型。2009 年，休渔的海洋捕捞机动渔船数量达 11 万艘，休渔渔民数量近 100 万人。印发《关于加强 2009 年长江禁渔期管理工作的通知》，组织开展 2009 年长江禁渔期执法检查行动。沿江 10 省（自治区、直辖市）共组织开展执法检查行动 5 340 次，出动检查船艇 7 408 艘次，参加检查人员 70 032 人次，共查获违禁捕捞船 2 112 艘次。

【农业野生物种资源保护】2009 年，农业部组织各省（自治区、直辖市）农业部门对黄芪、蒙古口蘑（白蘑）、柱筒枸杞、小米椒、苦丁茶、兰科（所有属所有种）、百合科百合属（所有种）等 143 个物种进行了系统调查，共发现 2 028 个分布点，进行了 GPS 定位；分别对野生稻、野生大豆、小麦野生近缘植物、野生茶树、野生桑树、野生苎麻和野生柑橘类植物 13 个物种进行了抢救性收集，共收集各类资源 1 311 份（次），妥善保存于国家种质库或种质圃中；经对已收集的野生稻、野生大豆分别进行农艺性状、抗虫性和抗病性鉴定发现了具有较强耐热性和稻飞虱、白叶枯、稻瘟病抗性的普通野生稻，以及具有极强耐湿性和耐寒性的野生大豆，这批优异资源将为新基因发掘奠定良好的物质基础。

【外来入侵生物防治】2009 年，农业部继续在全国 17 个省市开展刺萼龙葵、水花生、黄顶菊、薇甘菊、福寿螺等 15 种重大危险农业外来入侵生物灭毒除害、技术示范推广行动，共铲除（防治）外来入侵生物 241 万公顷；完成紫茎泽兰等 18 种重大入侵生物全国普查，完善全国外来入侵生物数据库；制定黄顶菊、薇甘菊等 10 种外来入侵生物监测预警技术规程。

【中国环境与健康战略研究】中国环境与健康战略研究初步构建了到 2050 年国家环境与健康战略框架，分析了中国环境与健康问题的历史和现状，探寻了中国环境与健康管理水平与社会经济发展不协调的原因，剖析了世界主要国家和地区在应对环境污染导致健康问题方面的经验和教训，在充分考虑国情的前提下，提出与中国未来社会、经济与环境发展相适应的环境与健康工作调整思路，包括：中国到 2020 年、2030 年和 2050 年环境与健康战略目标、战略重点、实施步骤以及相应的体制政策建议。

十、土地与农村环境

现有水土流失面积356.92万平方千米，占国土总面积的37.2%。其中水力侵蚀面积161.22万平方千米，占国土总面积的16.8%；风力侵蚀195.70万平方千米，占国土总面积的20.4%。

（1）农村环境状况

当前农村环境问题日益突出，形势十分严峻。突出表现为农村生活污染治理基础薄弱，面源污染日益加重，农村工矿污染凸显，城市污染向农村转移有加速趋势，农村生态退化尚未有效遏制。

全国农村改水累计受益人口达9.03亿人，其中，自来水6.54亿，占受益人口总数的72.4%；手压机井1.65亿，占受益总人口的18.3%；其他改水形式受益人口0.84亿，占受益总人口的9.3%。已改水受益人口占农村人口94.3%。

（2）措施与行动

【《“以奖促治”加快解决突出农村环境问题的实施方案》主要内容】 2009年2月，国务院办公厅转发了环境保护部、财政部、国家发展和改革委员会《关于实行“以奖促治”加快解决突出的农村环境问题实施方案的通知》，明确了“以奖促治”政策的总体要求、基本原则和工作目标，以及实施范围、整治内容和成效要求等，并对实施程序和监督考核提出了具体要求，明确了地方责任和部门分工，是指导“以奖促治”工作的一份纲领性文件。

【《中央农村环境保护专项资金管理暂行办法》和《中央农村环境保护专项资金环境综合整治项目管理暂行办法》主要内容和

实施情况】2009 年 4 月，财政部、环境保护部印发了《中央农村环境保护专项资金管理暂行办法》和《中央农村环境保护专项资金综合整治项目管理暂行办法》，规定了对开展农村环境综合整治的村庄实行“以奖促治”；对通过生态环境建设达到生态示范建设标准的村镇实行“以奖代补”。同时，结合农村特点，推行专项资金全过程管理，建立 5 项机制和 5 项制度。5 项机制是：中央引导、地方推动，创新机制、上下联动，突出重点、因地制宜，明确责任、加强监管，公开透明、追踪问效。5 项制度是：责任制、报备制、农民参与制、公示制、县级财政报账制。

【农村集中式饮水安全工程水质卫生监测情况】根据卫生部、国家发展和改革委员会、水利部共同制定的《农村饮水安全工程水质卫生监测工作方案》，卫生部组织开展了农村集中式饮水安全工程水质卫生监测工作。2009 年，农村饮水安全工程水质监测项目纳入深化医改国家重大公共卫生服务项目，中央财政补助地方 4 800 万元监测经费，地方各级财政配套 3 000 余万元工作经费。

2009 年，各级爱卫办和疾病预防控制中心共对全国 29 个省（自治区、直辖市）（上海已实现城乡供水一体化，西藏未上报数据）和新疆生产建设兵团 1 650 个县（市、区）的 28 060 处工程水质卫生状况进行了监测。共报告了枯水期和丰水期有效水样数 111 502 份，省级审核率达到 98.2%，20 项检测指标完整率达到 98.3%，获取有效监测数据 400 余万个。通过开展监测，基本掌握了农村集中式饮水安全工程水质卫生状况，为预防控制水性疾病和应对饮用水卫生突发事件提供可靠依据，为政府有关部门科学决策以及制定相关规划提供技术支持。

【农村环境综合整治进展情况】“以奖促治”政策实施以来，农村环境综合整治取得了明显成效。2008—2009 年中央财政投入农村环境保护专项资金达 15 亿元，支持 2 160 多个村镇开展环境综合整治和生态建设示范，带动地方投资达 25 亿元，直接受益农民达 1 300 多万人。一批群众反映强烈的突出环境问题得到解决，许多村庄的村容村貌明显改善，一些项目实现了生态、社会和经济效益的统一。“以奖促治”有效地改善了农村环境质量，提高了农村环境保护水平。

【国家重大公共卫生服务项目农村改厕项目】在农村建设无害化卫生厕所，对粪便进行无害化处理，是减少粪便对环境污染的有效办法。从 2004 年开始，国家设立了农村改厕项目，支持地方建设无害化卫生厕所。据统计，截至 2009 年年底，全国农村卫生厕所普及率为 63.1%，无害化卫生厕所普及率为 40.4%。2009 年农村改厕项目被列入深化医改国家重大公共卫生服务项目，中央财政安排 15.665 亿元，在全国除上海市以外的 30 个省（自治区、直辖市）和新疆生产建设兵团，建设 411 万座无害化卫生户厕。

【农村沼气项目】农村沼气项目共投资 80 亿元，其中中央投资项目建设户用沼气 358 万户、大中型沼气工程项目 1 579 处、养殖小区和联户沼气工程项目 10 440 个，全年新建农村沼气用户超过 510 万户。全国农村沼气用户达到 3 500 万户，年生产沼气约 134 亿立方米，农民使用沼气替代薪柴相当于 2 100 万吨标准煤，减少二氧化碳排放约 5 000 万吨。

【水土流失治理】2009 年，全国共完成水土流失综合防治面积约 7.5 万平方千米，治理小流域 3 200 条。国家水土保持重点工程以长江和黄河上中游、珠江上游以及西南诸河等西部地区为重点，兼顾东北黑土区等其他水土流失严重地区，共完成水土流失综合治理面积 2.1 万平方千米。

【农业节水推广和生态灌区建设情况】截至 2009 年年底，大型灌区续建配套与节水改造项目共安排投资 390.49 亿元，其中中央投资 215.78 亿元，对规划内 434 处大型灌区中的 416 处灌区开展了续建配套与节水改造建设。共新增灌溉面积 130.6 万公顷，改善灌溉面积 497.7 万公顷；灌区骨干渠系水利用系数由改造前的 0.49 提高到 0.53，年新增节水能力 126 亿立方米，新增粮食生产能力 107 亿千克，效益显著。根据大型灌区“中期评估结果”，项目受益区灾害损失下降率达 20%以上的灌区占 90.6%，灾害损失估算减少 32 亿元；通过对灌区渠道险工险段及渠系建筑物的配套与改造，使渠道输水能力显著提高，项目受益区灌溉周期平均缩短 21.1%；灌区改造后，渠道事故发生率明显降低，事故损失下降率达 50%以上的灌区占评估灌区总数的 67.8%。项目受益区新增的节水能力约 54% 用于扩大灌溉面积和提高灌溉保证率，16.1%用于城市与工业供水，30.1%用于生态环境改善供水。大型灌区续建配套与节水改造项目的实施，不仅为农业灌溉用水需求提供了保障，还不同程度地缓解了部分灌区对城镇生活及工矿企业供水需求日益增长的压力，生态环境显著改善。

【农村清洁工程】2009 年，中央安排 1 032.5 万元财政经费，重点支持湖南、湖北、安徽、四川和重庆等 17 个省（市）的 112 个村实施农村清洁工程试点示范，省级、县级分别自筹经费 1 158 万元和 7 708 万元（包括农民自筹）用于开展农村清洁工程建设。示范村通过建设田园清洁、家园清洁和村级公共清洁等设施建设，将人畜粪便、生活垃圾和污水、作物秸秆进行无害化处理和资源化利用，示范区共建设生态拦截沟 1.79 万米、农村废弃物发酵处理池 1 507 个、生活污水净化处理池 2 653 个、村内管网建设 20.6 万米、道路建设 213 767 米，农村“四改”配套建设 8 784 户，垃圾分类收集设施购置 14 557 户，建设农村物业服务站 123 个，无机垃圾中转设施411个。

十一、森林

（1）状况

中国地域广阔，江河湖泊众多、山脉纵横交织，复杂多样的地貌类型以及径向、纬向和垂直地带的水热条件差异，形成了复杂的自然地理环境，孕育了生物种类繁多、植被类型多样的森林资源。根据第七次全国森林资源清查（2004—2008年）结果，全国森林面积19 545.22万公顷，森林覆盖率20.36%，活立木总蓄积149.13亿立方米，森林蓄积137.21亿立方米。乔木林平均每公顷蓄积量85.88立方米。林木年均净生长量5.72亿立方米，年均采伐消耗量为3.79亿立方米。与第六次全国森林资源清查（1999—2003年）相比，森林面积净增2 054.30万公顷，人均森林面积增加0.013公顷，森林覆盖率增长了2.15个百分点，有林地中公益林面积比例上升了15.64个百分点。

病虫害　2009年，中国林业有害生物灾害发生偏重，局部成灾严重。全国主要林业有害生物发生面积达1 157.1万公顷，重度发生面积达90.7万公顷，较上年有所增加。其中，虫害发生面积为858.5万公顷，病害107.1万公顷，鼠（兔）害191.5万公顷。另外，有害植物14.9万公顷。全国林业有害生物防治面积819.8万公顷，无公害防治面积671.1万公顷。

森林火灾　2009年，中国共发生森林火灾8 859起，比前三年均值下降1 666起，下降幅度达15.8%。其中，一般火灾4 945起，较大森林火灾3 878起，重大森林火灾35起，特大森林火灾1起。森林火灾受害森林面积46 155.9公顷，比前三年均值减少117 204.1公顷，减少幅度达71.7%。因森林火灾伤亡110人（其中死亡39人）。

2009年，森林火灾发生率（起火灾/10万公顷森林）为4.53，森林火灾控制率（公顷受害森林面积/每起森林火灾）为5.21，森林火灾受害率（受害森林面积/森林总面积）为0.236‰。

（2）措施与行动

【林业政策】继续完善森林生态效益补偿制度。2009年，颁布了新的《国家级公益林区划界定办法》、《中央财政森林生态效益补偿基金管理办法》和《公益林管理办法》。将区划界定的非天保工程区重点公益林和天保工程区新增造林全部纳入了补偿范围，增加补偿面积2 333.3万公顷，新增补偿基金17.5亿元。积极推进中幼林抚育补贴试点工作。落实森林抚育补贴资金5亿元，并在12个省区和森工（林业）集团开展了试点工作，安排试点任务33.3万公顷，每公顷补贴1 500元。林业金融政策实现重大突破。森林保险投保面积1 800万公顷，保险金额1 141亿元；林权抵押面积362万公顷，获得贷款217亿元；各金融机构林业贷款规模达到240亿元，落实林业贴息贷款160亿元、中央财政贴息资金6.5亿元。林业税费政策得到重大调整。颁布了新的《育林基金征收使用管理办法》，林业部门过去从育林基金中列支的经费，明确由同级财政预算解决，湖南省已将林业部门行政事业经费全额纳入财政预算。

【国家林业重点工程项目】2009年，国家林业重点工程共完成造林面积459.62万公顷，占全国造林面积的73.39%，其他社会造林占全国造林面积的26.61%。

天然林资源保护工程共完成各项公益林建设 136.09 万公顷，其中人工造林 28.20 万公顷，飞播造林 15.33 万公顷，无林地和疏林地新封山育林 92.56 万公顷。退耕还林工程共完成造林面积 89.86 万公顷(含京津风沙源工程中 1.20 万公顷)，其中退耕地造林 0.07 万公顷，配套荒山荒地造林 57.67 万公顷，无林地和疏林地新封山育林 32.12 万公顷。京津风沙源治理工程共完成治理面积 43.48 万公顷，其中人工造林 13.04 万公顷，飞播造林 7.30 万公顷，无林地和疏林地新封山育林 23.14 万公顷。三北及长江流域等防护林体系建设工程共完成造林面积 189.31 万公顷，其中人工造林 161.86 万公顷，无林地和疏林地新封山育林 27.45 万公顷。重点地区速生丰产用材林基地建设工程共造林 2.69 万公顷，其中荒山荒地造林 2.08 万公顷，更新造林面积 0.52 万公顷，非林业用地造林 0.09 万公顷。

【新颁布林业法律法规】发布《中华人民共和国农村土地承包经营纠纷调解仲裁法》，新修订的《森林防火条例》正式实施。与农业部联合发布了《农村土地承包经营纠纷仲裁规则》和《农村土地承包仲裁委员会示范章程》。在农村土地承包经营纠纷调解仲裁相关法规中明确了集体林权纠纷调解机制。辽宁省出台了防沙治沙条例，福建省出台了林权登记条例，甘肃省出台了林地保护条例，湖南省下发了规范行使林业行政处罚自由裁量权的指导意见，海南省制定了沿海防护林建设与保护指导意见。

【生态文化体系建设】组织体系不断完善。各类生态文化协会、学会、促进会、创作基地不断涌现，生态文化管理、研究、创作和宣传队伍不断壮大。中国生态文化协会成立森林文化分会、花卉文化分会、名山文化分会和湿地文化分会。全国新建改建扩建生态文化场馆 51 处、生态文化休憩场所 143 处、生态文化（文明）教育基地 29 处。建成了中国湿地博物馆、退耕还林展览馆，湖南省森林植物园等 10 家单位被授予“国家生态文明教育基地”称号。在中国林业网开辟了中国树木博览园、野生动物博物馆、林业展厅等，打造了一批集保护、展示、教育于一体的生态文化平台。生态文化传播日益广泛，中央主要报刊和电台刊播林业和生态报道及专题达到 13 000 篇（条）；积极开展国家森林城市创建活动，杭州、威海、宝鸡和无锡被授予“国家森林城市”称号；成功举办了第六届中国城市森林论坛和第二届中国生态文明建设高层论坛。举办了“生态中国十大杰出人物”评选、全国生态文学作品大赛、生态的足迹——全国生态建设成就摄影大赛。

【林业改革】2009 年 6 月，中央召开林业工作会议，专题研究部署集体林权制度改革工作。在中央林业工作会议的有力推动下，集体林权制度改革已经取得重大进展。全国完成林改确权面积 1.01 亿公顷，占集体林地的 59.4%；发证面积达到 0.76 亿公顷，占集体林地总面积的 44.6%。公共财政支持林业发展制度逐步健全，农村林业金融工作有效推进，集体林木采伐管理机制改革取得突破，林权流转逐步规范，农民林业专业合作组织建设开始启动。在 24 个省区市、193 个单位进行了林木采伐管理机制改革试点。推行了林木采伐指标公示制，湖南省林木采伐指标实现了“阳光分配”，入村到户率达到 100%。

十二、草原

（1）状况

全国草原面积 4 亿公顷，约占国土面积的 41.7%。北方干旱半干旱草原区涉及河北、山西、内蒙古、辽宁、吉林、黑龙江、陕西、甘肃、宁夏和新疆等 10 个省（自治区），草原面积 15 994.86 万公顷；青藏高寒草原区涉及西藏、青海全境及四川、甘肃和云南部分地区， 草原面积 13 908.45 万公顷；东北华北湿润半湿润草原区涉及北京、天津、河北、山西、辽宁、吉林、黑龙江、山东、河南和陕西等 10 个省（直辖市），草原面积 2 960.82 万公顷；南方草地区涉及上海、江苏、浙江、安徽、福建、江西、湖南、湖北、广东、广西、海南、重庆、四川、贵州和云南等 15 个省（自治区、直辖市），草原面积 6 419.12 万公顷。

草原生产力 2009 年草原植被生长季节，全国大部分地区气温比正常偏高，降水量比正常偏少，部分地区出现旱情，草原植被总体生长状况略差于 2008 年。全国天然草原鲜草总产量为 93 840.86 万吨，较上年下降 0.92%，载畜能力约 23 098.81 万羊单位。

草原灾害 2009 年，全国共发生草原火灾 192 起，受害草原面积 2.5 万公顷，比 2008 年增加 1.5 万公顷。草原鼠害危害面积 4 087.2 万公顷，占全国草原面积的 10.5%，比 2008 年增加 11.2%。草原虫害危害面积 2 076.2 万公顷，占全国草原面积的 5.3%，比 2008 年减少 23.1%。

（2）措施与行动

【草原保护建设重大工程】 2009 年，中央财政投入 15 亿元，继续在内蒙古、四川、云南、西藏、青海、甘肃、宁夏、贵州、新疆和新疆生产建设兵团组织实施退牧还草工程，建设草原围栏 525.7 万公顷，补播改良严重退化草原 156.7 万公顷，治理石漠化草原 2.7 万公顷。中央财政投入 3.6 亿元，在北京、内蒙古、山西和河北实施京津风沙源草原治理工程，治理草原 19 万公顷，建设牲畜棚圈 127

万平方米，购置饲草料加工机械 17 100 台套。

十三、气候与自然灾害

（1）气候状况

2009 年，中国平均年降水量比常年明显偏少，是 1951 年以来历史第 4 个少值，也是 1987 年以来最少值。其中除春季降水量接近常年同期外，冬、春、夏三季均偏少，冬季偏少最为明显。中国年平均气温较常年偏高 1.0℃，是 1951 年以来历史第 4 个高值，也是连续第 13 年高于常年值。四季气温均偏高，其中冬季和春季全国平均气温分别居 1951 年以来历史同期第 3 高和第 2 高。

降水分布　2009 年，中国平均年降水量为 574.0 毫米，比常年偏少 38.8 毫米。黄河以南大部地区及华北南部、东北东部和北部一般在 500 毫米以上，其中江淮南部、长江中下游以南大部及四川盆地东部、云南南部等地为 1 000～1 500 毫米，华南南部及福建北部、浙江南部、安徽东南部等地达 1 500～2 800 毫米，全国其余地区不足 500 毫米。与常年相比，除黑龙江大部、青海大部、河北南部、山东半岛、江苏南部、海南等地降水量偏多 10%～50%外，全国其余大部地区偏少或接近常年，其中华北北部、东北西南部、江南中部和西部、西南东南部、华南东部及广西大部、宁夏南部、甘肃东部、新疆大部、西藏、内蒙古等地偏少 10%～50%，内蒙古、新疆、西藏的局部地区偏少 50%以上。

气温分布　2009 年，中国年平均气温 9.8℃，较常年偏高 1.0℃。除黑龙江大部、海南南部偏低外，全国其余大部地区气温较常年偏高，其中西北大部、西南中西部、江南东北部及内蒙古中西部等地偏高 1～2℃。除黑龙江较常年偏低，海南与常年持平外，其余各省（自治区、直辖市）均较常年偏高，云南、西藏平均气温均为 1951 年以来历史最高值，贵州、四川、重庆、青海均为次高值。

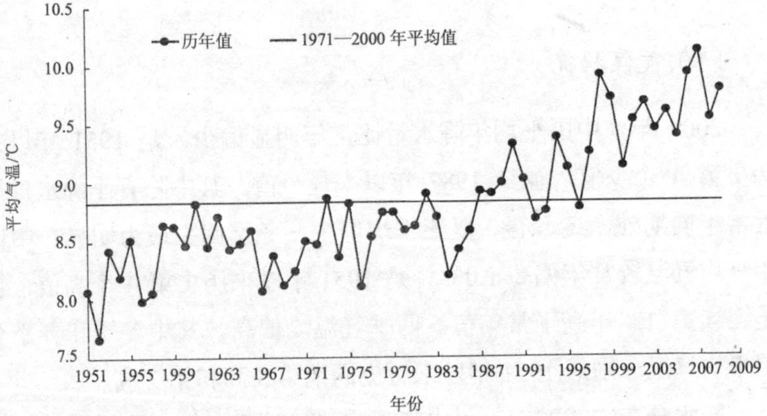

图 2-17　1951—2009 年中国年平均气温变化曲线图

（2）自然灾害状况

气象灾害　2009 年，中国气象灾害属于一般年份。阶段性严重干旱、区域性极端暴雨（雪）、局地性强风飑线、区域性低（高）温灾害、高频次登陆台风等气象灾害及其衍生灾害造成的直接经济损失约 2 500 亿元，高于 1990—2008 年平均值；因灾死亡约 1 300 人，为近 20 年来最少，其中台风造成 43 人死亡，为近 10 年来最少；农作物受灾面积 4 700 多万公顷，高于常年平均值。从全国主要气象灾害农作物受灾面积统计来看，干旱是主要气象灾害，其中干旱受灾面积约 3 000 万公顷，占气象灾害总受灾面积的 62%；其次为暴雨洪涝，受灾面积占总受灾面积的 16%；风雹灾害、低温冷冻害和雪灾分别列第3位和第4位。

干旱　2009年，全国干旱受灾面积高于常年，且较2008年明显偏大，属干旱灾害偏重年份。区域性和阶段性干旱突出，年初河南、河北、安徽等北方冬麦区出现罕见秋冬连旱，华南、西南地区东部出现明显冬旱，黑龙江及内蒙古东北部出现严重春旱，西藏东部出现了严重初夏旱，辽宁、吉林、内蒙古东部等地出现严重夏秋连旱，湖南、江西、贵州、云南、广西、广东6省（区）出现近50年来罕见秋旱。

暴雨洪涝　2009年，中国局地和区域性暴雨频发，洪涝灾害频繁，长江上游干流发生2004年以来最大洪水，太湖出现1999年以来最高水位，长江、黄河、珠江等流域部分支流发生超历史记录特大洪水，四川、重庆、云南等省市发生了严重的暴雨、山洪、泥石流和滑坡等灾害，有9个台风先后在中国沿海登陆。受强降雨影响，中国29个省（自治区、直辖市）和新疆生产建设兵团均发生不同程度的洪涝灾害。全国洪涝受灾面积874.8万公顷，其中成灾379.6万公顷，受灾人口1.11亿人，因灾死亡538人，失踪110人，倒塌房屋55.59万间，直接经济损失845.96亿元。与常年相比，洪涝灾害总损失少，因洪涝灾害造成的死亡人数也是新中国成立以来最少的一年。

强对流天气　2009年，中国大风、冰雹、龙卷风、雷电等局地强对流天气发生频繁。全国有1 800多个县（市）出现冰雹或龙卷风天气，降雹次数比常年明显偏多，风雹共造成全国500多万公顷农作物受灾，直接经济损失370多亿元。其中风灾影响大、损失重。与常年相比，风雹受灾面积和经济损失均偏重。

沙尘天气　2009年春季，中国北方地区平均沙尘日数为0.9天，比常年同期偏少4.7天，为1954年以来春季沙尘日数最少的年份。

春季，中国北方地区共出现 7 次沙尘天气过程，其中 5 次沙尘暴、2 次扬沙过程，未出现强沙尘暴过程。沙尘天气过程较 2000—2008 年平均（13.3 次）明显偏少，与 2003 年相当，并列为近 10 年来最少。

热带气旋 2009 年，在西北太平洋和南海海域共有 22 个热带气旋（中心附近最大风力≥8 级）生成，生成个数较常年（平均 27 个）偏少，其中有 9 个在中国华南沿海登陆，登陆个数比常年偏多 2 个。台风登陆比例高，影响区域集中且路径复杂。共造成 43 人死亡，为 1999 年以来热带气旋造成死亡人数最少的一年；直接经济损失约 191 亿元，比近 10 年平均值明显偏少。

高温天气 2009 年，全国平均高温日数为 9.5 天，比常年偏多 2.5 天。6 月 23—27 日，中国出现大范围持续高温天气，河北、河南、山东以及新疆等地最高气温达 40～43℃，河南安阳（43.2℃）、河北邢台（42.4℃）、山东朝城（41.8℃）、潍坊（41.4℃）等地最高气温打破当地夏季极端最高气温历史纪录。7 月 8—24 日，长江中下游地区出现持续高温天气，区域平均高温日数较常年同期偏多近 1 倍，多个地区最高气温达到或突破历史极值。8 月 15 日至 9 月 14 日，中国南方再次出现长时间高温天气，长江中下游及华南地区平均高温日数较常年同期偏多 2 倍，为 1956 年以来历史同期最多。

雾日天气 2009 年，中国中东部大部地区雾日一般在 10 天以上，其中辽宁东部、河北南部、山东大部、江苏、安徽南部、浙江西北部、江西北部、湖南西部、四川东南部、贵州东部、云南南部、福建等地有 20～40 天，局部地区在 40 天以上。与常年相比，江南大部、江汉、西南东部和南部、西北东南部以及吉林东部、江苏、福建等地偏少 10～30 天，吉林、四川、福建、云南等省的局部地区偏少 30 天以上。雾天主要发生在 1 月、2 月、10 月、11 月、12 月。

地震灾害 2009 年，中国共发生 5.0 级以上地震 24 次，有 8 次地震灾害事件，共造成中国大陆地区约 134 万人受灾，3 人死亡，404 人受伤，受灾面积约 25 248 平方千米；造成房屋 993 300 平方米毁坏，218 203 平方米严重破坏，6 835 403 平方米中等破坏，2 475 538 平方米轻微破坏，直接经济损失 27.38 亿元。

地质灾害 2009 年，中国共发生各类地质灾害 10 446 起，造成人员伤亡 809 人，直接经济损失约 17.7 亿元。中央财政设立特大型地质灾害防治专项资金，全年投入资金 8.0 亿元。成功避让地质灾害 209 起，安全转移 1.4 万人，避免直接经济损失 1.6 亿元。

海洋灾害 2009 年，中国累计发生 132 次风暴潮、海浪和赤潮过程，其中 33 次造成灾害，各类海洋灾害（含海冰、浒苔等灾害）造成直接经济损失 100.23 亿元，死亡（含失踪）95 人。其中风暴潮过程 32 次，8 次造成灾害，直接经济损失 84.97 亿元，死亡（含失踪）57 人；灾害性海浪过程 32 次，造成直接经济损失 8.03 亿元，死亡（含失踪）38 人；海冰灾害较常年偏轻，造成直接经济损失 1 700 万元；赤潮灾害 68 次，直接经济损失 0.65 亿元；黄海浒苔灾害造成直接经济损失 6.41 亿元；咸潮入侵事件 16 起。

（3）措施与行动

【气象服务保障工作】 2009 年，区域性极端暴雨、阶段性严重干旱、局地性强风飑线、高频次登陆台风以及初冬季节华北暴雪等严重气象灾害接连发生。全国各级气象部门加强监测预警预报服务工作，提前部署，严密监视，滚动预报，努力提高预报预测准确率和时效性，扎实做好全年气象预报服务工作，及时主动为各级党委、政府和有关部门有效组织防灾减灾救灾、群众避灾自救提供了气象保障。在有关部门的大力配合和支持下，圆满地完成了新中国成立

60 周年首都庆祝活动、哈尔滨第 24 届世界大学生冬季运动会、济南第十一届全国运动会、海军建军 60 周年庆典、汶川特大地震周年纪念、亚丁湾护航、2009 年国家海上搜救演习、“长城 6 号”反恐怖演习等一系列重大活动的气象服务保障任务。

【气象灾害应急处置和多部门联动】气象部门切实贯彻落实《突发事件应对法》，不断推进气象灾害应急机制和制度建设。多次组织召开部际会商，推进气象灾害信息通报的多部委联络员例会制度常态化，积极与国家防总密切配合，加强流域强降水和台风的专题会商，与国务院有关部委开展应急联动，共同防御气象灾害。中国气象局启动应急响应 16 次，派出现场工作组 12 个。各地气象部门共发布警报 3 640 次、预警信号 2 737 次，通过手机短信接收预警信息超过 9 亿人次。在各地区和各部门的共同努力下，气象防灾减灾成效显著，全年因气象灾害造成的死亡人数，特别是台风灾害在沿海各地造成人员死亡为历年最低。

【防雷减灾工作】2009 年，中国气象局进一步采取措施，加大防雷减灾工作力度，继续完善中小学校雷电灾害防御工程建设，在 21 个省（区、市）1 676 所中小学校安装了防雷设施，全国未出现一起在校学生遭雷击伤亡事故。农村防雷工作成效显著。

【重点地区地质灾害防治】三峡库区三期地质灾害防治工程基本完工。截至 2009 年年底，共完成三峡库区地质灾害防治工程 490 处（段），其中崩塌、滑坡治理工程 255 处，库岸防护 255 段，搬迁避让 2 万余人；对 251 处地质灾害隐患点进行专业监测，在 3 049 处隐患点建立了群测群防体系。在四川、陕西、甘肃等地震灾区，共启动 1 965 处重大地质灾害隐患点勘查，涉及人数 93 万余人；完成 314 处重大隐患点治理工程，保护人员 21 万余人；对 1 999 处隐患点实施搬迁避让工程，搬迁人员 14 万余人。

【地质灾害基础调查与监测预警】完成 1 640 个县（市）地质灾害调查与区划。在西南山区、西北黄土高原区、湘鄂桂山区等地区开展地质灾害详查。在延安市宝塔区、云南哀牢山地区等 10 多个地区开展地质灾害监测预警示范。地质灾害群测群防信息系统首次实现部省两级互联互通。启动地质灾害群测群防“十有县”建设。首次开展地质灾害应急综合技术演练。采用多个人工便携站、无人驾驶小飞机、飞艇和三维激光扫描仪等综合技术，在湖北黄石板岩山多部门联合举行地质灾害应急综合技术会商演练。

【抗旱找水工作情况】2009 年 2 月 10 日，国土资源部下发了《关于主动服务做好抗旱找水打井水文地质工作的紧急通知》，要求有关地方国土资源部门认真发挥部门专业优势，为抗旱打井提供技术支持和资料服务。制定了《国土资源部抗旱应急行动方案》，向旱区和有关部门提供地下水资源分布图、城市应急水源地分布图、宜井条件分区图等地质资料，为抗旱打井提供技术服务。组织水文地质专家赴河北、河南等旱情严重地区指导抗旱打井找水工作，结合当地水文地质条件和地下水分布情况合理制订抗旱行动方案，科学确定宜井井位，并紧急调集 40 多台钻机在河北省顺平县、河南省宜阳县等地实施钻井找水，在河北、山东、河南三省组织实施钻井近 50 眼。

【抗洪抢险工作情况】2009 年，水利部在汛前召开全国水库安全度汛视频会议，对全年防汛抗洪做出周密部署；对重点地区进行防汛检查，制修订相关方案，完善各项制度。国家投入 170 亿元资金用于病险水库除险加固。根据国家防汛抗旱应急预案，国家防总、水利部及时启动 22 次防汛抗旱应急响应，先后召开 13 次异地视频会商会，与可能受影响的省（自治区、直辖市）和民政、财政等部门共同研究部署防灾抗灾措施。据统计，全国共有 3.4 万余座水库参与拦洪错峰，共紧急拦洪300多亿立方米，减免农田受灾面积150多万公顷，减免受灾人口4 040万人，减少直接经济损失185亿元。

【地震监测、震害防御和应急体系建设】建成并正式运行5个地震自动速报区域中心和1个全国自动速报备份中心，进一步扩建地震数据库，增强了数据共享服务能力。印发《地震安全性评价资质单位认定行政许可实施细则》，审定180余项重大工程地震安全性评价结果，各省级地震局审定地震安全性评价的重大工程达2 250余项；组织新一代全国地震区划图的编制，初步确定了全国潜在震源区的划分方案；发布《关于学校、医院等人员密集场所建设工程抗震设防要求确定原则的通知》和《全国中小学校舍安全工程地震工作指南》；新疆、四川、甘肃、云南等地全年新建改造抗震农村民居超过200万户；组织了首个全国防灾减灾日地震应急演练和防震减灾科普宣传活动。贯彻落实《中华人民共和国防震减灾法》，发布实施《社区志愿者地震应急与救援工作指南》等6项国家标准和《活动断层探测》等6项地震行业标准。组织修订《国家地震应急预案》，截至2009年年底，全国各级各类地震应急预案总数达2.7万余件；联合国国际人道主义事务协调办公室于2009年11月14日正式授予中国国际救援队联合国国际重型救援队的资格认证；全国20个省已经开通防震减灾公益服务热线，发送震情震灾等短信息约20万条。

【海洋灾害应急管理】国家海洋局继续强化海洋灾害应急管理工作，组织修订并发布了《风暴潮、海浪、海啸和海冰灾害应急预案》，建立了应急期间领导带班制度、工作人员24小时值班制度、事故责任追究制度、业务会商和行政指挥会商以及应急管理工作总结等制度。2009年，各级海洋预报机构，及时提供海洋灾害预警报信息，共发布海洋灾害警报、速报2 100多期，手机短信320多万条，传真电报11余万份。

【林业碳汇】为贯彻胡锦涛主席关于建立“亚太森林恢复与可持续管理网络”的倡议，加强中国与亚太地区各国以及其他国家、国际组织在加强森林恢复、应对气候变化领域的合作与交流，2009年4月，国家林业局成立亚太网络管理中心。联合北京林业大学、东北林业大学、昆明勘察设计院等13家碳汇计量团队，完成6.67多万公顷的中国绿色碳基金造林项目手机碳汇计量工作；森林碳汇计量与监测体系建设已基本完成了《全国森林碳汇计量与监测技术指南》编制工作。参与相关国际规则制订，适时发布了《应对气候变化林业行动计划》，扎实推进林业碳汇计量和监测工作。

注：本章涉及的全国性数据，除行政区划、国土面积、地震灾害外，均未包括台湾省、香港和澳门特别行政区。

第三章　2009年环保工作取得新进展*

2009年是新世纪以来我国经济发展最为困难的一年，也是我们的党和国家带领各族人民团结奋进、经受严峻考验的一年。面对国际金融危机的冲击，党中央、国务院统揽全局，果断决策，沉着应对，全面实施并不断丰富完善“一揽子计划”，有效地遏制了经济增长下滑的态势，率先实现经济形势总体回升向好。在应对金融危机过程中，党中央、国务院丝毫没有放松环境保护，要求把加强环境保护作为应对国际金融危机的重要举措，加快发展节能环保等新兴产业，培育新的经济增长点。

一年来，全国环保系统坚定不移地贯彻党中央、国务院关于环境保护的决策部署，坚持以探索中国环保新道路为主题，以做好国际金融危机形势下的环保工作为主线，以解决危害群众健康的突出环境问题为重点，参与经济宏观调控更加主动有效，污染减排取得明显成效，污染防治稳步推进，基础能力建设取得积极进展，较好地完成了2009年各项工作任务。

---

* 本章内容根据《环境保护部公报》2010年第2期《打好决胜战　谋划新发展——环境保护部部长周生贤在2010年全国环境保护工作会议上的讲话》摘编。

一、环保部门参与宏观调控更加主动有效，为保增长调结构发挥重要作用

我们按照中央要求，把应对国际金融危机作为转变发展方式、调整经济结构、发展环保事业的机遇，着力抓好三件事：一是全力为保增长大局服好务；二是高度重视巩固环保成果防止污染反弹，三是从严控制“两高一资”、产能过剩和重复建设项目。

严把项目环评关。出台《建设项目环境影响评价文件分级审批规定》、《环境保护部建设项目环境影响评价文件内部审查程序规定》，明确划分中央和地方审批权限，规范和简化审批程序。对符合中央政策和环保准入要求的建设项目加快审批，去年，环保部批复建设项目环评文件400个，总投资达2.7万亿元。对简单低水平重复建设、“两高一资”和产能过剩项目设置“防火墙”，对总投资1 904.8亿元的49个项目环评文件作出退回报告书、不予批复或暂缓审批的决定。对环评违法违规问题突出的金沙江中游水电开发、华能集团、华电集团以及山东省钢铁行业作出暂停建设项目环评审批的决定。

有序推进规划环评。出台《规划环境影响评价条例》，发布并实施《规划环境影响评价技术导则》。组织开展辽宁沿海经济带“五点一线”、江苏沿海地区及广东横琴重点开发区域规划环评。推动上海等30个重点城市开展轨道交通建设规划环评，国家112个煤炭矿区中的66个已开展或正在开展规划环评，沿海25个主要港口中的10个已完成规划环评。涉及15个省（区、市）的环渤海、海峡西岸、北部湾、成渝和黄河中上游能源化工区等五大区域重点产业发展战略环评工作全面启动。完善规划环评与项目环评联动机

制，将区域规划环评作为受理审批区域内高耗能高污染项目环评文件的前提。

开展高污染行业执法检查活动。对 2008 年 7 月以来开工建设或投运的项目、造纸行业进行专项执法检查，查处未批先建项目 1 824 个，没有落实环保“三同时”项目 3 167 个，依法责令停止建设或停止生产，限期落实整改措施。

二、污染减排取得明显成效，部分环境质量指标持续好转

据初步测算，2009 年全国化学需氧量和二氧化硫排放量继续保持双下降态势，二氧化硫“十一五”减排目标提前一年实现；国控断面Ⅰ－Ⅲ类水质比例为 48.2%，同比上升 0.5 个百分点。全国地表水国控断面高锰酸盐指数年均质量浓度为 5.1 毫克/升，较 2008 年下降 10.5%，较 2005 年下降 29.2%。按年均值评价，113 个环保重点城市空气质量达到或优于国家二级标准的比例为 65.5%，同比上升 8 个百分点。重点城市二氧化硫年均质量浓度为 0.043 毫克/立方米，较 2008 年下降 10.4%，较 2005 年下降 24.6%。密切关注中国减排问题的美国，通过其全球卫星观测系统对我国减排情况进行观测和分析后认为，2007 年下半年，中国二氧化硫排放量的确出现拐点，随后二氧化硫质量浓度呈现较大幅度下降。

减排目标责任考核力度不断加大。组织开展了 2008 年度和 2009 年上半年各省（区、市）和五大电力集团公司减排核查，经国务院批准向社会发布核查结果。对两次核查中发现存在突出问题的河北沧州等 8 城市和天津陈塘热电厂等 5 家企业公开通报，责令限期整改；对 2009 年上半年减排进度较慢的 8 省（区）发出减排预警，

约谈当地政府领导，进行督查指导，严格的考核问责引起强烈反响。各地纷纷创新招数，河北出台《减少污染物排放条例》，河南出台《水污染防治条例》；贵州出台《主要污染物总量减排攻坚工作行政问责办法》，对城市污水处理设施建设进度严重落后的市（州、县）政府领导进行诫勉谈话；广西对未按计划完成城镇污水处理设施建设的 47 位市（县）政府主要领导向全区发出通报；山东等省对未完成年度减排任务的市（县）主管领导给予行政记过或撤职处分；安徽、福建、江西、黑龙江等省对减排进展较慢的市（县）实行区域限批。

减排工程建设和淘汰落后产能取得新进展。去年，新增污水处理能力 1 330 万吨/日，2006 年以来累计新增城市污水处理能力 4 460 万吨/日。江苏、浙江、河南、广东等省实现县县建成污水处理厂，江苏、浙江着手编制镇级污水处理设施建设规划，江西、广西、湖北、辽宁等省（区）正在全面推进污水处理一县一厂建设。新增燃煤脱硫机组 1.02 亿千瓦，2006 年以来累计新增燃煤脱硫机组总装机容量 4.11 亿千瓦，其中新增现役燃煤脱硫机组装机容量 1.81 亿千瓦。淘汰小火电装机容量 2 617 万千瓦，“十一五”以来累计关闭 6 006 万千瓦。分别淘汰炼铁、炼钢、焦炭、水泥和造纸等落后产能 2 110 万吨、1 640 万吨、1 809 万吨、7 416 万吨和 150 万吨。治理设施运行监管不断强化。印发《关于加强城镇污水处理厂污染减排核查核算工作的通知》和《关于加强燃煤脱硫设施二氧化硫减排核查核算工作的通知》，对治污设施运行维护、台账档案、在线监测、中控系统建设、分散控制系统等进行规范。发布全国城镇污水处理厂和脱硫设施名单公告，接受社会监督。

三、深入落实“让江河湖泊休养生息”的措施，重点流域区域污染防治取得新突破

2009 年 4 月和 7 月，胡锦涛总书记两次就重点流域污染防治作出重要批示，充分肯定“休养生息”取得的成效。环保部认真落实，召开全国环境保护部际联席会议暨松花江、淮河及黄河中上游流域水污染防治专题会议，推广经验，创新落实政策、举措。《重点流域水污染防治专项规划实施情况考核暂行办法》已经国务院办公厅转发，重点流域省界断面水质考核制度全面建立，成为推动重点流域水污染防治的关键抓手。对重点流域水污染防治规划 2008 年度实施情况进行考核评估，经国务院同意后向全国进行通报。淮河、海河、辽河、巢湖、滇池、松花江、三峡库区及其上游、黄河中上游八个流域完成污染治理投资 714.9 亿元，占总投资的 44.7%；建成项目 1 270 个，占 46.8%；在建项目 785 个，占 28.9%。新增加总投资 41.19 亿元的 101 个松花江流域治污项目。九大湖库生态安全评估已经完成。城镇饮用水水源地环境状况调查进展顺利，首次明确了 4 000 多个城镇集中式饮用水水源环境管理对象。

在深入总结北京奥运环境质量保障成功经验的基础上，组织开展上海世博会和广州亚运会空气质量保障情况调研，对长三角、珠三角区域联防联控工作作出安排。上海、广州已制定环境质量保障方案。积极稳妥应对甲型 H1N1 流感疫情，加强对医疗废物处理处置工作的指导。汽车和家电“以旧换新”污染防治工作稳步推进。建立上市公司环保核查后督察制度，城市环境综合整治定量考核工作向纵深发展，持久性有机污染物调查取得重要进展，危险废物利用处置和化学品管理工作不断加强。

四、扎实开展环境执法与应急管理工作，着力解决重金属污染等关系民生的突出环境问题

集中力量开展重金属污染综合整治。自去年以来，环保部接报了陕西凤翔、湖南武冈、云南东川等 12 起重金属、类金属污染事件。这些事件致使 4 035 人血铅超标、182 人镉超标，引发 32 起群体性事件，全社会高度关注。近期，中石油位于陕西省华阴市一处成品油输油管道发生大量柴油泄漏流入渭河和黄河事故，中石油兰州石化石油化工厂发生爆炸事故，广东清远、江苏大丰发生铅污染事件。如果处置不当，将产生难以估量的后果。在李克强副总理领导下，环保部认真贯彻落实国务院领导同志批示精神，迅速进行布置，及时组织工作组和专家组赶赴现场，开展环境应急监测，确认污染程度和范围，协助地方政府开展事故调查和处置，救治 4 217 名受害群众，责令关闭、停产 44 家污染企业，督促追究 91 名政府部门和企业责任人的责任，维护了社会稳定。召开“锰三角”地区环境综合整治工作座谈会，总结几年来环境整治取得的明显成效和经验做法，对下一步巩固和深化治理成果作出安排。同时，对 12 个省（区、市）197 家电解锰企业进行综合整治。联合国务院九部门开展重金属污染企业专项检查，共检查企业 9 123 家，查处环境违法企业 2 183 家，取缔关闭 231 家，停产整治 641 家。国务院办公厅已批转《关于加强重金属污染防治工作的指导意见》，明确了重金属污染防治目标任务、工作重点及加大资金投入等保障措施。

深入开展环保专项行动。2009 年 4 月，环保部联合国家发展改革委等八部门，召开全国整治违法排污企业保障群众健康环保专项行动电视电话会议，进行全面部署。一年来，各地出动环境执法人

员 242 万多人次，检查企业 98 万多家次，查处环境违法案件 1 万多件，挂牌督办 2 587 件，119 名责任人被追究责任。开展饮用水水源保护区后督察，检查饮用水水源地 3 177 个，取缔关闭企业 831 家、直接排污口 220 个，拆除违法建设项目 780 个。开展扩内需保增长建设项目专项检查，对 23 个省（区、市）313 家企业（项目）进行现场检查，查出 62 家企业（项目）存在的环境违法问题。开展长江环保执法行动。组织新中国成立 60 周年大庆环境安全大检查。开展规模化畜禽养殖场执法检查，共检查 33 000 余家，依法查处环境违法问题 19 000 多件，关闭禁养区内规模化养殖场 1 035 家。出台《污染源限期治理办法（试行）》、《环境违法案件挂牌督办管理办法》、《关于规范行使环境监察执法自由裁量权的指导意见》、《环境行政处罚办法》等规范性文件。

加强全过程环境应急管理。2009 年环境保护部直接调度处理 171 起突发环境事件，同比增长 26.67%。6 月 5 日，开通“010－12369”环保举报热线。目前全国 2 817 个县级以上环保部门开通“12369”，成为环境投诉的主要渠道和环保为民的窗口。开展尾矿库安全隐患排查，建立了 8 000 多座尾矿库信息数据库。对 2006－2008 年 56 起涉及饮用水安全的突发环境事件进行追踪调查。印发《关于加强环境应急管理工作的意见》，组建国家环境应急专家组，推进环境应急管理体系建设。

五、“以奖促治”推动农村环保工作广泛开展，自然生态保护工作继续加强

“以奖促治”是环境保护的一项重大政策创新，也是保障和改善民生的一项重要惠民工程。环境保护部召开全国农村环境保护暨

生态建设示范工作现场会，对深化“以奖促治”作出全面部署。国务院办公厅转发《关于实施“以奖促治”加快解决突出的农村环境问题的实施方案》，环境保护部会同财政部制定《中央农村环境保护专项资金及项目管理办法》，开展了重点省市督查。2009 年中央财政投入农村环保专项资金 10 亿元，支持 1 460 多个村镇开展环境综合整治和生态建设示范，900 多万群众直接受益，带动各地农村环保投资近 15 亿元。解决了一批群众反映强烈的突出环境问题，许多村庄村容村貌明显改善。

生态保护工作继续推进。全国土壤污染状况调查完成 30 个省（区、市）数据接收入库和初步审核工作，获得 470 多万个实测数据和 205 万个野外样点环境信息数据。进一步深化生态建设示范区工作，生态文明建设试点有序进行。组织完成全国 50 个自然保护区的评估，经国务院批准新增国家级自然保护区 16 处。编制《第二批外来入侵物种名单》，物种资源调查和监管得到加强。

六、三大专项工程成果丰硕，“十二五”环保规划前期工作进展顺利

污染源普查、环境宏观战略研究、水专项是环境保护三大基础性战略性工程。三年来，中央财政投入污染源普查经费 8.62 亿元，地方财政安排资金 31.16 亿元。全国共组织动员 57 万多人，调查工业源、农业源、生活源和集中式污染治理设施四大类普查对象 592 万多个。建立了污染源信息数据库，查清了主要污染物产生、处理和排放情况，掌握了农业源污染物排放情况，摸清了有毒有害污染物区域分布。普查主要成果已经国务院第一次全国污染源普查领导小组审议通过。

环境宏观战略研究顺利完成既定任务。这项研究对当前环境形势、环境问题成因的分析准确、揭示透彻，提出的对策措施具有很强的针对性和可操作性，研究的一项重大成果是提出探索中国环境保护新道路。对此，李克强副总理给予充分肯定。

水专项进入全面实施阶段。所有项目和课题立项论证工作基本完成，启动32个项目，230个课题，占“十一五”拟启动课题的96.6%。大部分示范工程、配套工程和配套经费得到落实，部分项目和课题取得阶段性成果。

“十一五”环保规划执行情况中期评估基本完成。结果表明，“十一五”环保规划实施首次达到进度要求，部分指标超额完成，主要规划目标有望如期实现，是我国历史上执行得最好的一个五年环保规划。召开“十二五”环保规划编制前期工作会议，在规划的指导思想、基本原则、主要目标、重点工程和政策保障等方面形成了基本思路。

七、环保基础能力建设深入推进，环境政策法制继续完善，科技支撑进一步强化，环境监测转型加快推进，宣传教育和国际合作扎实推进

截至2009年11月底，中央环保投入343亿元，其中环境保护部直接参与安排的中央环保专项、农村环保专项、污染减排专项、中央预算内基建投资等能力建设和环境治理投入共计 49.31 亿元。2007 年以来，累计安排减排“三大体系”建设资金 60.6 亿元，新建、改造、接入自动站（点）787 个，配备监测执法设备 110 501 台（套），配备交通工具（车、船、艇）6 114 辆（艘），配备信息

设备 31 668 台（套）。建成污染源监控中心 306 个，对 12 665 家企业实施自动监控。国家环境信息与统计能力建设项目全面启动实施。

环境政策法制继续完善。重庆、云南等省（市）环境污染责任保险试点工作进展顺利，河北省立法纳入环境污染责任保险条款，湖南省发布推行环境污染责任保险的意见。绿色信贷政策不断深化，4 万多条环保信息进入人民银行征信管理系统。组织拟定并向经济综合部门提供包含 290 余种产品的《“高污染、高环境风险”产品名录（2009）》。稳步推进环境税费政策改革，初步完成开征环境税研究报告。《废弃电器电子产品回收处理管理条例》和《放射性物品运输安全监督管理条例》相继出台。部机关办理行政复议案件 73 件，比上年增加 87%。

科技支撑进一步强化。发布我国首个《环境保护技术发展报告》，化工、制药、冶金和化纤等行业污染减排多项关键技术取得突破，制定（修订）140 余项国家标准，国家环保标准达到 1 200 项。涉及火电厂氮氧化物、重金属污染和农村污染防治的多项技术标准制定工作进展较大。环境与健康部际协调机制初步建立。国家环境咨询委和科技委在重大环境决策中发挥重要作用。积极应对气候变化，提出温室气体监管能力与政策设计框架。

环境监测转型加快推进。发布了《关于进一步加强新时期环境监测工作的意见》、《先进的环境监测预警体系建设纲要》、《国家重点监控企业污染源自动监测数据有效性审核办法》和《主要污染物总量减排监测体系建设考核办法》。2009 年 7 月 1 日起，向社会发布 100 个国家地表水水质自动监测站的实时监测数据。环境监测质量管理三年行动计划有序开展。召开全国跨界河流监测工作现场会，印发《国家边界水体监测方案》。2009 年国控废水和废气排放企业年均达标率分别为78%、73%，同比增长12个和13个百分点；污水处理厂年均达标率为70%，同比增长9个百分点。

宣传教育和国际合作扎实推进。印发《关于做好新形势下环境宣传教育工作的意见》，紧紧围绕“六·五”世界环境日、第十三届世界湖泊大会等重大会议活动和重点热点问题，积极开展宣传，营造全社会关心支持和参与环境保护的良好氛围。精心组织新中国成立60周年筹展和中央组织庆祝活动的筹办工作。国际合作交流不断加强，认真履行国际环境公约。环境保护在中美、中日、中哈高层对话中的地位日益突出，中俄环保合作互信互利、全面务实，中日韩、中国—东盟环保合作进入新阶段，与联合国环境署合作进一步深化，与阿拉伯、非洲环保合作进一步加强。

八、核与辐射安全监管体系建设取得重大突破，监督管理更加严格

在中央领导同志的高度重视下，环保部赴四川、上海、浙江、广西等地进行调研，向国务院提出了加强核与辐射安全监管能力的建议。中编办正在研究加强核与辐射安全监管体系建设。

2009年共审查通过各类核与辐射安全国家标准、导则和技术文件25件，对200余项核与辐射安全法规标准进行清理。纳入《国家监管能力建设“十一五”规划》的9个核与辐射安全监管项目，有6个已完成或正在实施。全国放射源监管数据库完成研发和系统功能测试，进一步严格核技术应用的安全监管，放射源各类事故较2008年和多年平均水平下降50%以上。快速响应完成朝鲜核试验对我国影响的环境监测。妥善应对河南杞县和广州市发生的“卡源”事件。颁发4个核电项目8台机组建造许可证。核电机组安全运行，

研究堆、核燃料循环设施未发生对环境有影响的安全事件。

九、环境保护机构和队伍继续加强，部机关学习实践活动圆满完成

机构编制建设取得新进展，成立环境保护部卫星环境应用中心和中国—东盟环境保护合作中心等机构，监测总站编制从 100 名增加到 190 名。干部队伍结构进一步优化，干部培训力度不断加大，制定实施《全国环保系统 2008—2012 年大规模培训干部工作实施意见》，2009 年累计培训 4 万人次。

地方环保机构改革深入推进。各地抓住机构改革契机，省级环保部门成为当地政府组成部门，环保部门地位得以加强。截至 2009 年 12 月，已有 26 个省（区、市）的环保部门完成机构改革，内设机构平均数由 9.7 个增至 12.1 个，增加 25%。

部机关学习实践活动圆满完成。按照中央的统一部署，制定整改落实方案，扎实做好学习实践活动后续工作和“回头看”工作，切实巩固学习实践活动成果。由环保部领导负责年内完成的 48 项整改任务已全部完成。从测评结果看，评价为“好”的比例占 97%，“较好”的比例占 2%。通过学习实践活动，把科学发展观当作政治信仰来追求、当作科学真理来坚持、当作行动指南来践行，已成为环保系统广大党员干部的党性意识、精神支柱和行为准则。为进一步加强作风建设，环保部党组要求坚持从严治部、从我做起，努力建设学习型、服务型、法治型、和谐型、廉洁型和节约型机关。部机关各部门积极响应，干部职工的精神状态发生明显好转，干事创业的良好风气正在形成。

在看到成绩的同时，也要清醒地认识到，环境保护形势依然十

分严峻，面临许多困难和挑战。一是环境污染仍然较重。虽然局部环境质量有所改善，但环境污染的趋势总体上尚未得到根本扭转。二是污染减排压力有增无减。随着经济回升势头更加强劲，产能释放更加明显，污染物产生量会有增加，甚至一些已淘汰的落后产能、设备和企业可能死灰复燃。三是潜在的环境问题不断显现。重金属、持久性有机污染物等长期积累的环境问题开始暴露，大城市和城市群灰霾天气等新污染问题日益凸显。突发环境事件处于高发期，一些重特大环境事件出现的频率越来越高。四是环保基础能力建设相对滞后。污染减排三大体系建设和运行有待继续加强，环境监管等能力建设不能很好地满足环保任务的需要。五是干部队伍执行力亟须进一步提高。一些干部作风飘浮，敷衍应付，缺乏开拓创新能力和狠抓落实本领。对这些问题，我们要高度重视，深入研究，认真加以解决。

第四章　当前我国环境保护的主要任务*

2010年是完成“十一五”环保任务的决战年，也是谋划“十二五”环保规划的关键年。环境形势依然严峻，环保工作更加艰巨复杂。做好2010年工作，对于促进发展方式转变和经济结构调整，圆满完成“十一五”环保任务，为“十二五”时期环保事业发展奠定良好基础，具有十分重要的意义。

2010年环保工作的总体要求是：全面贯彻党的十七大、十七届三中、四中全会和中央经济工作会议精神，以邓小平理论和“三个代表”重要思想为指导，深入贯彻落实科学发展观，大力推进生态文明建设，积极探索中国环保新道路，把环境保护与推动发展方式转变、污染减排与促进经济结构战略性调整、环境治理与保障改善民生更加有机地结合起来，以解决危害群众健康和影响可持续发展的突出环境问题为重点，充分发挥环境保护在优化经济增长方面的综合作用，坚决完成“十一五”污染减排任务，加大基础能力建设力度，深入推进流域区域和农村污染防治，妥善应对突发环境事件，为推进经济社会全面协调可持续发展作出应有贡献。

---

* 本章内容根据《环境保护部公报》2010年第2期《打好决胜战　谋划新发展——环境保护部部长周生贤在2010年全国环境保护工作会议上的讲话》摘编。

一、再接再厉，在确保实现减排目标的基础上争取更大成绩

污染减排是环境保护工作的硬抓手。二氧化硫减排任务提前一年完成，实现化学需氧量减排目标还有很大困难，各地减排进展还不平衡，一些地方离完成减排目标还有不小差距。必须进一步加大力度，全面完成减排任务。今年的目标是：二氧化硫排放量力争比2009 年再削减 40 万吨，化学需氧量减排在完成“十一五”目标的基础上，力争再削减 20 万吨以上。

深入推进结构减排。配合有关部门，严格执行产业政策和国家下达的落后产能关停计划。今年要分别淘汰炼铁、电力、水泥、焦化和造纸落后生产能力 2 000 万吨、1 000 万千瓦、5 000 万吨、2 000 万吨和 52 万吨。抓紧出台节能发电调度办法的配套政策，迫使低效机组尽早退役。通过结构减排，新增削减化学需氧量 20 万吨、二氧化硫 45 万吨。

深入推进工程减排。确保新增城市污水日处理能力 1 000 万立方米以上，新增燃煤电厂脱硫装机容量 5 000 万千瓦，新增 30 台（套）钢铁烧结机烟气脱硫设施。以火电行业为重点，大力削减钢铁、有色及水泥行业大气污染物排放量；以造纸行业为主攻方向，重点抓好化工、酿造及印染行业水污染物削减工作。督促电力企业高标准、严要求、高质量地建设脱硫设施，进一步提高脱硫效率；督促城镇污水处理设施管网配套到位，尽快形成处理能力。将“保运行”作为污染减排工作的中心任务，狠抓已建成的城镇污水处理厂、火电厂脱硫设施和企业污染治理设施的正常有效运行。大力推进脱硫石膏和污水处理厂污泥处理处置。通过工程减排，新增削减化学需氧

量 80 万吨、二氧化硫 100 万吨以上。

深入推进管理减排。要以环境信息统计能力建设项目为依托，加快推进燃煤电厂脱硫设施、城镇污水处理厂和国控重点污染企业在线监测系统的联网工作，完成国控重点污染源自动监控系统的验收，向社会公告治污设施投运率、运行效率及国控重点污染源排污费征收情况。组织开展好污染减排核查工作，加强预警督查，公开曝光违法违规问题。落实污水处理收费、不正常运行脱硫设施的电价扣减和罚款政策，促进企业深度治理。

二、严格环境准入，促进发展方式转变和经济结构调整

中央强调，转变发展方式已经刻不容缓，把扎实推进经济结构调整作为今年经济工作的重大任务，着力点由去年的“保增长”转向今年的“促转型”。环境保护作为经济结构战略性调整的重要抓手，要在推进发展方式转变上发挥更加主动有效的作用。

规划环评指导意见，以及关键领域、重点行业规划环评规范性文件的重点抓好“两高一资”行业，重点流域区域开发规划环评，继续推进环渤海、海峡西岸、北部湾、成渝和黄河中上游能源化工区等五大区域战略环评。

深化建设项目环评。坚持“疏”“堵”结合，实行分类审批，服务好经济社会发展大局。“疏”就是对符合中央政策和环保准入要求，有利于保民生、促转型的项目，加快环评审批进度；对已开展规划环评的项目，适当简化环评程序。“堵”就是严格执行国家产业政策，对高耗能、高排放及产能过剩行业的项目从严把关，坚决管住新上项目；对未批先建的项目进行严肃查处，并公开曝光；

对钢铁、水泥、平板玻璃、多晶硅、煤化工等产能过剩、重复建设行业以及流域开发、开发区建设，凡未依法开展规划环评的，建设项目环评文件一律不予受理。

强化环保验收管理。坚持关口前移，要针对重点行业、敏感区域和敏感问题，集中力量抓好重点项目验收的环境监管。积极推进施工期环境监理，建立健全环保验收全过程管理制度，进一步理顺验收管理程序，从今年开始，用 2～3 年时间抓好“三同时”验收工作。

着力开展工程建设领域突出问题专项治理工作。以政府投资和国有资金支持的项目为重点，全面排查 2008 年以来，规模以上投资项目环保要求落实情况及环保资金使用情况。分期分批清查“十五”以来审批的所有建设项目，特别是“十一五”期间审批的产能过剩行业建设项目环评执行情况，集中整改突出问题。

健全环境标准体系。加快推进环境标准管理体系建设，着重提高标准体系的协调性、完整性和适用性，努力构建新时期国家环境质量标准体系、污染源监控标准体系和清洁生产标准体系，引领技术升级，推进产业结构调整。

三、坚持环保为民，着力解决重金属污染等危害群众健康的突出环境问题

集中精力优先解决重金属污染问题。严格按照《关于加强重金属污染防治工作的指导意见》要求，分解目标任务，落实各项政策措施。全面排查重金属污染物排放企业及其周边区域环境隐患，确定重点防控区域、行业、企业和高风险人群，集中解决一批突出问题。积极开展土壤污染修复试点，综合治理重金属超标土地。

扎实做好饮用水水源安全保障工作。今年年底前，完成城镇集中式饮用水水源保护区划分及调整工作，完成113个环保重点城市集中式饮用水水源保护区划定工作，制定分散式饮用水水源环境管理办法，组织开展全国环境保护重点城市地表水饮用水水源环境状况评估，加快出台《全国城市饮用水水源地环境保护规划》和《地下水污染防治规划》。

继续深化工业污染防治。深入推进“双有”（使用有毒有害原料进行生产或在生产中排放有毒有害物质）企业清洁生产，制定发布“双有”行业分类管理名录和国家污染物环境健康风险名录。发布重点行业污染防治工作指导意见，督促指导各地加快推进重金属重点防控行业和产能过剩行业的清洁生产审核及评估验收。贯彻执行好《废弃电器电子产品回收处理管理条例》。健全危险化学品准入制度，推动持久性有机污染物防治。

四、严格考核问责，深入推进重点流域区域污染防治

严格按照《重点流域水污染防治专项规划实施情况考核暂行办法》要求，加大考核力度，并向组织部门通报考核结果。各省（区、市）要对跨市（县）界断面水质进行考核。松花江流域“十一五”规划要提前完成目标任务，淮河等其他重点流域要力争今年按期完成。南水北调沿线治污工作要切实落实规划要求。抓紧制定实施九大重点湖泊水库“一湖一策”污染防治方案，在其他湖泊水库流域开展生态安全评估。

完善区域大气污染联防联控机制。落实区域大气污染防治规划，继续完善京津冀地区大气污染联防联控机制，大力推进长三角、

珠三角等区域大气联防联控工作，组织开展联动监测，确保上海世博会和广州亚运会空气质量达标。以区域大气污染防治和重点行业污染控制为重点，深化对二氧化硫及颗粒物排放的控制；以火电行业和机动车为重点，开展工业及城市氮氧化物污染防治工作。对中央领导同志关心、群众反映强烈的区域环境污染问题，集中进行综合整治。加强危险废物及医疗废物全过程风险防范和监督管理，完成典型电子废物集中处置区域污染调查和环境风险评价工作。

五、深化“以奖促治”，切实加强农村环境保护和生态保护

进一步深化“以奖促治”政策措施，加大农村环境保护投入。坚持点线面相结合，做到“抓点、带线、促面”。重点抓好中央领导批示和媒体高度关注的“问题村”，优先支持重点流域、区域和扶贫开发重点县内存在突出环境问题的村庄。推行“以片为主、点片结合”的治理模式，在环境问题集中区域，实施连片综合治理，建设集中治污设施；对居住分散、经济条件差、边远地区的村庄，推广分散型、低成本、易管理的污水处理模式；鼓励城市污水和垃圾处理设施服务覆盖范围向周边村镇延伸，实现城乡环境基础设施共享共用。开展农村集镇生活污水和规模化畜禽养殖污染减排试点工作。建立完善农村环境综合整治目标责任制。

切实抓好生态保护。开展生态系统功能状况调查与评估工作，加强自然保护区的监管和评估。下大气力做好土壤环境保护工作。全面加强对资源开发活动引起的环境污染和生态破坏的监督检查。组织好国际生物多样性年活动。扎实加强“两型社会”建设。继续做好城市创模和生态建设示范区工作。

六、确保环境安全，强化执法监督和应急管理

“天下之事，不难于立法，而难于法之必行”。深入开展整治违法排污企业保障群众健康环保专项行动，紧扣重金属污染等热点问题，进行全面排查、集中整治，全力遏制环境事件高发势头；加大典型案件挂牌督办、责任追究和后督察力度，确保环境违法行为整改到位。充分发挥督查中心在区域环境监察执法中的作用，形成完整有序的国家监察体系；全面启动环境执法稽查试点工作；健全跨省界环境执法及污染纠纷协调处理机制。积极推进企业监督员制度。

应急管理是保障环境安全的最后一道防线。着重抓好环境风险源调查及尾矿库环境风险隐患排查工作，逐步建立环境风险源数据库和分级分类动态管理平台。抓紧完善环境应急预案，加强区域力量整体协调和指挥调动。今年，环保部将在上海、重庆各组织一次应急演练。各地每年至少组织一次应急演练。切实做好应急响应，妥善应对突发环境事件。认真做好“12369”环保举报热线的信息收集及案件查办等工作，真正做到“有报必接、违法必查，事事有结果、件件有回音”。

确保核与辐射安全。完善与核事业发展相适应的安全监管体系，拓展机构队伍、提升技术水平、夯实管理基础，切实加强在役核设施的监管，确保运行安全，强化在建核设施的现场监督，确保建造质量。积极推进历史遗留放射性污染治理，严格核技术利用和电磁辐射环境管理。

七、进一步做好政策法制、环境科技、监测、宣传教育和国际合作工作

推动环保立法工作进程。开展自然遗产保护法的立法工作，尽快修订《大气污染防治法》，抓紧研究修订《环境保护法》的草案框架。推动《放射性废物安全监督管理条例》、《畜禽养殖污染防治条例》、《消耗臭氧层物质管理条例》及《环境监测管理条例》等法规的审查、协调和修改工作。加快完善环境经济政策，建立健全绿色信贷、保险、税收、采购及贸易等制度。会同财政部在新安江流域试点，研究探索建立跨省界水环境保护"赔付补偿"机制。积极参与国家绿色税制改革，配合财税部门完善环境税税制设计。推进资源性产品价格和环保收费改革，完善排污权有偿使用和交易管理办法，进一步扩大试点范围。

不断增强环境科技支撑能力。推进环境科技创新、环保标准体系建设和环境技术管理体系建设三大工程。抓好水专项"十一五"规划实施检查。谋划推动区域大气、土壤修复和环境基准等重大科技项目立项工作，推进国家重点实验室申报和建设。开展重点地区环境与健康调查。做好环保部门应对气候变化工作，提出温室气体排放监管体系框架。加快发展环保产业，推进低碳产品认证、低碳工业园区建设工作。

继续强化环境监测工作。加强污染源监督性监测，深化环境质量监测，做好环境应急监测。拓展环境卫星遥感监测成果应用范围，推进"天地一体化"进程。落实环境监测质量管理三年行动计划，全面开展自动监测数据有效性审核，提高监测数据的准确性。优化调整国家环境监测网络，完善环境质量评价办法。逐步开展农村环

境监测试点工作。

积极宣传建设生态文明、探索中国环保新道路的理论创新与实践成果，加强主题策划，创新方法，健全机制，发挥媒体、非政府组织关心参与环保的积极作用，为环保工作顺利推进营造良好的舆论氛围。重点抓好与美、俄、日、哈等国及欧盟、中日韩、东盟等区域的环境合作，加强中非和中阿南南合作。拓展与联合国环境署、亚洲开发银行等国际组织的合作范围，积极实施和开展环保外经合作项目，推动国际环境公约谈判和国内履约工作，稳步推进核安全国际合作。

八、全面推进“十二五”环保规划编制工作

全面总结“十一五”环保工作，充分吸收环境宏观战略研究、污染源普查和水专项成果，以建设生态文明、探索中国环保新道路为统领，深化重大专题研究，把基础、人才和保障三大工程作为提高规划执行力的重要支撑，明确并细化目标指标、重点工程、重大改革和政策举措，向国务院汇报国家环境保护“十二五”规划基本思路，争取把一些主要指标和重点项目纳入国民经济和社会发展“十二五”规划中，及早启动“十二五”环保规划编制工作。抓紧编制污染防治、总量控制及能力建设、自然生态和农村环境保护等专项规划，形成完善的“十二五”环保规划体系。积极协调，全力推进《青藏高原环境保护综合规划》获得国家审批。尽快制定环境功能区划前期研究试点方案，探索“分区管理、分类指导”的环境管理新思路。

九、深入推进“五大建设”，继续抓好环保系统自身建设

今年，环保系统要深入开展“五大建设”和建设“六型机关”等活动，提高凝聚力、创造力、战斗力和执行力。

（1）思想建设

以环保部党组中心组学习为龙头，推进学习型党组织建设，带动各级环保部门认真学习贯彻党的路线方针政策，坚持用党的最新理论成果武装头脑，形成建设生态文明、探索中国环保新道路的强大精神动力。

（2）组织建设

继续深化和完善机构改革，按照政事分开、事企分开的原则，推进直属事业单位分类改革，强化机关和事业单位能力建设，做大做强支撑体系。坚持德才兼备、以德为先的选人用人标准，加强各级环保部门领导班子建设，加大优秀年轻干部培养选拔力度，推动干部交流轮岗，增强干部队伍活力。

（3）作风建设

深入开展“讲党性、重品行、做表率”活动。落实领导干部调研制度、联系点制度，认真倾听基层和群众呼声，及时解决突出问题。精简会议文件，改进文风会风。

推进人才工程，尽快出台引进高层次人才的实施意见。举办好第一届全国环境监测技术大比武，全面提升环境监测队伍的工作能

力和业务水平。

（4）制度建设

扎实推进行政权力运行监控机制建设，完善并落实各项规章制度，构建“自律”与“他律”相互促进，责、权、利有机统一的制度体系。

（5）党风廉政建设

在中央纪委召开第五次全会上，胡锦涛总书记发表了重要讲话，对今年的党风廉政建设提出明确要求，环保部将召开专题会议进行部署落实。环保事业越是大发展，越要紧绷拒腐防变这根弦。认真开展“四个珍惜”主题廉政教育和党性党风党纪教育。围绕环保“六项权力”，深入查找廉政风险重点环节；加强考核，严格落实党风廉政建设责任制；坚持有案必查，有腐必惩。

第五章　近年来我国环保重点工作简介*

一、中国应对气候变化

2009年12月18日，国务院总理温家宝在丹麦哥本哈根气候变化会议领导人会议上发表了题为《凝聚共识，加强合作，推进应对气候变化历史进程》的重要讲话。讲话指出：气候变化是当今全球面临的重大挑战。遏制气候变暖，拯救地球家园，是全人类共同的使命，每个国家和民族，每个企业和个人，都应当责无旁贷地行动起来。

中国在发展的进程中高度重视气候变化问题，从中国人民和全人类长远发展的根本利益出发，为应对气候变化做出了不懈努力和积极贡献。中国是最早制定实施《应对气候变化国家方案》的发展中国家，先后制定和修订了节约能源法、可再生能源法、循环经济促进法、清洁生产促进法、森林法、草原法和民用建筑节能条例等一系列法律法规，把法律法规作为应对气候变化的重要手段。中国是近年来节能减排力度最大的国家，不断完善税收制度，积极推进资源性产品价格改革，加快建立能够充分反映市场供求关系、资源稀缺程度、环境损害成本的价格形成机制；全面实施十大重点节能

* 本章内容根据《环境保护部公报》2010年第6期《2009年中国环境状况公报》摘编。

工程和千家企业节能计划，在工业、交通、建筑等重点领域开展节能行动；深入推进循环经济试点，大力推广节能环保汽车，实施节能产品惠民工程；推动淘汰高耗能、高污染的落后产能。中国是新能源和可再生能源增长速度最快的国家，在保护生态的基础上，有序发展水电，积极发展核电，鼓励支持农村、边远地区和条件适宜地区大力发展生物质能、太阳能、地热、风能等新型可再生能源。中国是世界人工造林面积最大的国家，应持续大规模开展退耕还林和植树造林，大力增加森林碳汇。

温家宝总理在会上庄严承诺：中国政府确定减缓温室气体排放的目标是中国根据国情采取的自主行动，是对中国人民和全人类负责的，不附加任何条件，不与任何国家的减排目标挂钩。

二、中国环境保护新道路

2009年，中国环保工作紧扣“努力推进生态文明建设，积极探索中国环保新道路”这个主题，深化认识，主动实践，取得诸多成效。

生态文明是中国共产党以科学发展观为指导，立足于经济快速增长中资源环境代价过大的严峻现实而提出的重大战略思想。党的十七大首次把建设生态文明作为一项战略任务提出来，十七届四中全会将生态文明建设提升到与经济建设、政治建设、文化建设、社会建设并列的战略高度，作为中国特色社会主义伟大事业总体布局的组成部分。

探索中国环保新道路，是一个勇于创新、勇于变革，永不僵化、永不停滞，不断取得新经验新成果的历程。要坚持环境与经济相融合，大力推进发展方式转变和经济结构调整；坚持把环境保护摆在更加重要的战略位置，加快推进历史性转变；坚持环保为民的根本宗旨，切实解决关系民生的突出环境问题；坚持人与自然和谐相处，让江河湖泊休养生息；坚持体制机制创新，尽早形成全社会保护环境的强大合力。要正确处理全局与局部的关系，制定与中国基本国情相适应的环境保护宏观战略体系；正确处理预防与控制的关系，建立全防全控的防范体系；正确处理成本与效益的关系，健全高效的环境治理体系；正确处理激励与约束的关系，完善与经济发展相协调的环境法规政策标准体系。

三、第一次全国污染源普查

2006 年 10 月 12 日，国务院决定于 2008 年初开展第一次全国污染源普查。普查时点为 2007 年 12 月 31 日，时期资料为 2007 年度，普查对象涵盖中国境内所有排放污染物的工业源、农业源、生活源和集中式污染治理设施。

全国污染源普查是一次重大国情调查。温家宝总理在普查初期做出重要批示，要求详细规划，认真做好各方面的工作。国务院成立了国务院副总理任组长、10 个部门领导为成员的国务院第一次全国污染源普查领导小组。2007 年 10 月，国务院颁布了《全国污染源普查条例》，使全国污染源普查工作有法可依，依法行政。2007 年 5 月国务院办公厅印发了《第一次全国污染源普查方案》，作为指导普查工作的行动纲领。

三年来，按照“全国统一领导，部门分工协作，地方分级负责，各方共同参与”的原则，各地区、各有关部门认真贯彻《全国污染源普查条例》和《第一次全国污染源普查方案》。分阶段实施各项普查工作。

通过普查，建立了 592 万多家污染源数据库，获得各类污染源与环境有关的第一手数据 11 亿个，完成了《第一次全国污染源普查方案》规定的任务。

四、中国环境宏观战略研究

中国环境宏观战略研究从 2007 年 5 月开始，在中国工程院和环境保护部的共同组织下，历经两年多时间，已经完成预期研究任务。根据战略研究需要，区别不同的环境领域和要素，战略研究设立了四个课题组和 29 个专题组，启动了 7 个省（自治区、直辖市）的地方环境战略研究。建立了一支有广泛代表性的高水平研究队伍，有 50 多名院士、600 多位专家学者参与战略研究工作，涉及环保、经济、社会、贸易、法律、能源、外交等众多领域。

按照“总结过去，指导现在，谋划未来”的指导思想，项目围绕环境保护领域的重大问题进行深入研究，经过反复研讨论证，广泛征求各方面意见，取得丰硕成果，形成了项目综合报告、成果要点报告、四个课题组综述报告以及 29 个专题报告、7 个省（自治区、直辖市）环境战略研究报告等多项研究成果。

2009 年 7 月 21 日，环境宏观战略座谈会在中国工程院召开，中共中央政治局常委、国务院副总理李克强出席座谈会并作重要讲话。李克强副总理对环境宏观战略研究提出的探索中国环境保护新道路予以肯定。

五、水体污染控制与治理科技重大专项

2009 年是水体污染控制与治理科技重大专项（以下简称“水专

项”）从实施方案编制阶段转向全面实施阶段的关键一年。在专项领导小组的统一领导下，环境保护部与住房和城乡建设部密切配合，全力推进专项实施工作。

2009 年 2 月 19 日，领导小组在北京组织召开了水专项实施启动会，对专项启动实施工作进行全面部署。4 月，环境保护部与住房和城乡建设部联合发文，要求各有关部门加强组织领导，明确责任分工，抓紧落实示范工程、配套经费等保障条件，加快推动 2008 年启动项目（课题）的实施。9～10 月，环境保护部与住房和城乡建设部主要领导带队，组织领导小组成员单位对重点流域项目（课题）组织实施情况进行调研，针对配套条件不落实、组织管理不到位等实际问题，逐一与有关地方政府进行沟通，有力地推动了各项配套保障条件的落实。2009 年 12 月 28 日，在北京组织召开了“水专项‘十二五’实施计划编制启动会暨地方科技需求座谈会议”，会议分析总结水专项“十一五”的经验和存在的不足，明确了水专项“十二五”实施的总体实施思路，对水专项“十二五”实施计划编制等重点工作进行了部署。

自水专项启动实施大会以后，各项目和课题承担单位全面开展了任务攻关，在现场建立了工作站和中试研究基地；示范工程、配套工程和配套经费基本得到落实，与流域水污染防治规划和重大治污工程进行了很好的衔接，示范工程已进入了设计和建设阶段，基本完成了阶段性的研究任务及关键技术研发。

六、环境经济政策主要进展

2009 年，国家继续推动绿色信贷、绿色保险、绿色贸易和绿色税收等一系列环境经济政策的实施，进一步丰富了国家宏观调控手段，减轻了经济增长的环境代价。

绿色信贷继续深化。环境保护部联合中国人民银行印发了《关于全面落实绿色信贷政策进一步完善信息共享工作的通知》。进一步规范了信息交流范围和报送方式。环境保护部向中国银监会提供2009年更新的信息。目前，已有4万多条环保信息进入人民银行征信管理系统。商业银行根据这些信息对环境违法企业采取限贷、停贷、收回贷款等措施，促进了企业治理污染、保护环境。

绿色保险稳步推进。2009年，在环境保护部和中国保险监督管理委员会指导下，9省市已在全省或部分地区开展试点。10余家保险企业推出了环境污染责任保险产品。河北省、沈阳市和上海市在地方环保立法中写入了环境污染责任保险条款。湖南省人民政府和昆明市人民政府发布了关于推行环境污染责任保险的意见。株洲市将投保环境污染责任保险的企业所投保费的50%在当年排污费中冲抵，极大地促进了企业的投保积极性。

“双高”产品名录夯实环境经济政策基础。2009年，环境保护部发布《“高污染、高环境风险”产品名录（2009年）》（以下简称“‘双高’产品名录”），含290余种产品。财政部和商务部根据名录调整了出口退税政策、加工贸易政策，对遏制这些产品出口、减轻环境压力起到了重要作用。国家安监总局和中国银监会专门转发“双高”产品名录。

绿色税收政策逐步完善。2009年，财政部、国家税务总局、环境保护部继续研究制定开征环境税的方案。国家出台了《环境保护、节能节水项目企业所得税优惠项目（试行）》，对企业从事符合条件的公共污水处理、公共垃圾处理、沼气综合开发利用、节能减排技术改造、海水淡化等五类环保项目的所得采取税收优惠政策。

七、城市市政公用基础设施建设

2009 年底城市园林绿化中，城市建成区绿化覆盖面积 149.4 万公顷，建成区绿化覆盖率由上年的 37.4%上升至 38.2%；建成区园林绿地面积 133.7 万公顷，建成区绿地率由上年的 33.3%上升至 34.1%。全国拥有城市公园绿地面积 40.1 万公顷；人均公园绿地面积 10.65 平方米，比上年增加 0.94 平方米。

2009 年城市市容环境卫生中，全年道路清扫保洁面积 44.6 亿平方米，城市生活垃圾清运量 1.56 亿吨，粪便清运量 0.21 亿吨。建有生活垃圾无害化处理厂 562 座，无害化处理能力 34.7 万吨/日，无害化处理量 1.12 亿吨，无害化处理率 71.6%。公厕 118 430 座，市容环卫专用车辆设备总数 83 701 台。

八、第四届国家环境与健康论坛

2009 年 9 月 17 日，环境保护部和卫生部在广州联合主办了“第四届国家环境与健康论坛”。

本届论坛主题为“关注环境健康，共建和谐社会”，在中国环境与健康问题的重要性、紧迫性和挑战性上与会代表取得了一致共识，认识到只有切实加强部门间协调，充分发挥各部门优势，通力合作、共享资源，在立法、政策和执行层面上分阶段、分步骤地采取务实有效的措施，才能取得环境与健康领域工作的实际成效。

本届论坛上，科技部、国土资源部、交通运输部、商务部、安全监管总局、中国气象局、中医药局等国务院有关部委派员参会，畅谈工作进展，交流工作经验，为加强部门间协作，共同推动落实

《国家环境与健康行动计划》奠定了良好的基础。

与会人员围绕“推进环境与健康工作的科学发展”和“加强环境与健康工作的法制建设”两个主要议题，就国家环境与健康领域工作面临的形势、具体任务、优先领域、未来应采取的行动及多部门协调工作机制等问题进行了全面、深入研讨，涉及环境与健康的体制机制、立法标准、信息共享、基础研究和宣传教育等诸多内容。

九、建设项目环境影响评价审批

为贯彻落实中央关于促进经济平稳较快发展的一系列部署，环境保护部严格按照环保法律和标准，通过缩短受理时间、分级审查、分类评估等方式，对符合中央政策要求和环保准入规定的项目加快办理环评审批手续。

2009 年，环境保护部正式发文批复项目环评文件 400 个（不含核与辐射项目），涉及总投资 2.7 万亿元。对不符合要求的总投资 1 900 多亿元的 49 个项目作出退回报告书、不予批复或暂缓审批等决定。对环评违法违规等问题突出的金沙江中游水电开发、华能集团、华电集团及山东省钢铁行业实施建设项目环评暂停审批，并责令违法项目停止建设。完成 289 个项目的环保竣工验收审批手续，委托环境保护督查中心或地方环保部门对 59 个项目进行了验收现场检查，对存在“三同时”和环保验收违规行为的 15 个建设项目下达了限期改正。已验收建设项目每年可减排二氧化硫量约 49.8 万吨、减排化学需氧量约 12 万吨。

十、环境监测质量管理三年行动计划

2009年，环境保护部制定并印发了《环境监测质量管理三年行动计划（2009—2011年）》（以下简称《计划》）。

2009年9月至11月，环境保护部成立检查组分别对山西、辽宁、吉林、上海、江苏、浙江、安徽、福建、河南、广东、重庆、四川、云南和陕西14个省、市环保厅（局）贯彻落实《计划》的情况进行了检查，促进了各级环保部门对《计划》的高度重视。各地纷纷行动起来，制定落实方案，加强组织领导、强化《计划》宣传，采取有效措施，深入开展辖区内的环境监测质量管理工作检查，形成了省、市、县分级负责，齐抓共管，一级抓一级，层层抓落实的良好局面，推动了环境监测质量管理工作的标准化、规范化、制度化和科学化。

十一、化学品管理

2009年9月，环境保护部下发了《关于加强有毒化学品进出口环境管理登记工作的通知》，完善了有毒化学品进出口环境管理审批的程序。2009年共审核签发《有毒化学品进口环境管理登记证》220份，其中新登记证198份，登记证追加量18份，登记证更改4份；签发有毒化学品进口环境管理放行通知单3 888份，出口环境管理放行通知单5 350份，共涉及46种物质，452家国内外企事业单位。批准的进口总量为1 707 220.7吨，较上年增加132.6%；批准的出口总量为277 777.5吨，较上年增加61.6%，进出口总量整体呈上升趋势。共回复欧盟、英国等国家出口通知100份。共批准了 101 种新化学物质登记和 3 818 份新化学物质免于申报的申请，批准了 76 种化学物质进入《中国现有化学物质名录》。

环境保护部对 2006—2008 年全国持久性有机污染物（以下简称 POPs）调查项目总体工作进行了验收。查明了 1.5 万家企业 2.5 万个二噁英类 POPs 排放设施的基本情况；掌握了重庆、江苏、吉林和广东四省市流通领域废弃杀虫剂类 POPs 的情况；对全国生产杀虫剂类 POPs 的企业及污染场地开展了深入调查和检测。进一步研究制定 POPs 总体管理策略，建立 POPs 重点监管污染源的筛选原则和监管机制。组织开展了全国持久性有机污染物更新调查工作。启动了省级 POPs“十二五”污染防治规划和全国主要行业持久性有机污染物省级 POPs“十二五”污染防治规划的编制工作。编制了《关于加强二噁英污染防治的指导意见》（草案）。环境保护部会同有关部门发布了禁止滴滴涕、氯丹、灭蚁灵及六氯苯生产、流通、使用和进出口的公告，于 2009 年 5 月 17 日全面禁止和限制了滴滴涕、氯丹、灭蚁灵及六氯苯的生产、流通、使用和进出口。

十二、重点企业清洁生产审核

2009 年，环境保护部组织开展了全国 2008 年重点企业清洁生产相关信息的统计、汇总和分析工作，编写发布了《2008 年度全国重点企业清洁生产审核情况通报》。组织河北、辽宁、云南和黑龙江等省开展重点企业清洁生产审核的评估和验收试点工作，组织编写《重点企业清洁生产审核评估验收技术细则》等指导重点企业清洁生产审核、评估和验收相关技术管理文件。共举办了 49 期“国家清洁生产审核师培训班”，培训学员总计约 2 600 人；组织两期清洁生产审核师高级培训班，学员人数约 60 人。发布了 12 项清洁生产行业标准。

十三、全国土壤污染状况调查

根据国务院的部署，2006 年起环境保护部会同国土资源部开展了全国土壤现状调查及污染防治专项工作，目前各地正在进行数据审核和分析。

截至 2009 年年底，已经完成 65 637 个点位、18 万个土壤、农产品等样品的采集和分析测试工作，共入库 470 多万个实测数据和 205 万个野外样点环境信息数据，制作图件 1 万多件，累计培训 15 000 多人次。该项目完成后将掌握全国的土壤污染现状、污染范围、主要污染物和污染程度，为土壤环境管理奠定基础。

十四、全国环境保护专项行动

2009 年 4 月至 11 月，环境保护部、国家发展和改革委员会、工业和信息化部、监察部、司法部、住房和城乡建设部、国家工商行政管理总局、国家安全监管总局、国家电监会九部门，紧紧围绕危害群众健康和影响可持续发展的突出环境问题，在全国持续组织开展环保专项行动。检查企业 98 万多家次，立案查处环境违法问题 1 万余件，其中取缔关闭企业 744 家，停产治理企业 841 家，限期治理企业 810 家。全国共挂牌督办 2 587 件，各级监察部门依法追究 119 名人员责任，工商部门吊销“两高一资”企业执照 806 户。共检查 3 177 个饮用水水源保护区，取缔关闭一级保护区内企业 287 家、直接排污口 220 个，取缔关闭二级保护区内企业 444 家，拆除违法建设项目 780 个。共检查已投入运营的城镇污水处理厂 1 959

座，总设计处理能力达到 10 441 万立方米/日，实际日平均处理量为 7 831 万立方米，平均运行负荷率达到 75%，84.7%的污水处理厂出水的 COD、氨氮和总磷能够实现达标排放。对 1 266 家钢铁企业（不含焦炭、轧钢企业）进行了集中检查，共检查炼铁高炉 1 576 座，炼钢转炉、电炉 1 714 座。2009 年，各地停产高炉 120 座，涉及产能 1 026 万吨，停产转炉和电炉 79 座，涉及产能 533 万吨。共检查烧结机 1 312 台，其中 118 台烧结机已经建成配套脱硫设施，116 台烧结机正在建设脱硫设施。共检查涉砷企业 1 296 家，依法查处 304 家违法企业，其中取缔关闭 36 家、限期治理 150 家、停产治理 98 家。2009 年下半年全国涉砷污染事件明显减少。检查重金属企业 9 123 家，查处环境违法企业 2 183 家，其中取缔关闭 231 家、停产整治 641 家。

十五、环境保护国际合作

2009 年，环境保护国际合作工作取得积极成效，在促进对外关系健康发展，推进环境保护三个历史性转变，维护环境权益、争取环境利益，积极引进国外先进技术、资金和管理经验等方面发挥了积极作用。

环保国际合作继续纳入中国高层政务活动的主干线、主战场和大舞台。2009 年，温家宝总理、李克强副总理等党和国家领导人先后 14 次亲自出席了与环境保护相关的重要外事活动。环境保护部领导出访与出席国际会议 7 次，安排和接待国外副部级以上代表团 41 次，全年共审批出境团组 523 个 1 641 人次，环境保护部系统境外培训学习 391 人次，正式邀请和接待来华外宾团组 97 个 520 人次。

2009年，成功召开了国合会2009年年会，温家宝总理和李克强副总理分别在会上做出重要指示。双边环境合作得到全面提升，在国家总体外交部署下，成功参加中美战略与经济对话、中美商贸联委会、中日经济高层对话、中俄总理定期会晤委员会、中哈合作委员会等机制下的环境合作。区域合作向前发展，正式成立中国—东盟环境保护合作中心并制定了《中国—东盟环保合作战略》；以我国为主成功举办第十一次中日韩环境部长会议；面向非洲及东盟国家积极开展援外环保培训。有效应对国际公约谈判，积极组织《斯德哥尔摩公约》、《蒙特利尔议定书》等国际公约谈判工作，全面实现谈判高案，成功维护中国环境权益。积极推动多边环境合作，首次签署《环境保护部和联合国环境规划署谅解备忘录》，第一次在联合国会议上举办大型展览，成功举办"北京绿色奥运展览"、"北京2008奥林匹克运动会独立评估报告"新闻发布会，积极承办联合国环境署可持续资源管理国际委员会第五次会议，并联合举办"中国绿色经济"国际论坛。保持与世界银行、联合国开发计划署、亚洲开发银行等国际组织的良好关系，协助世界银行在中国四个城市开展"呼唤绿色中国"环境宣传活动，有力地推动了中国公众环境意识的提高。

十六、履行国际环境公约

《乏燃料管理安全与放射性废物管理安全联合公约》　2009年，审议了17个缔约方国家的报告，提出110个问题；认真分析和回答了12个缔约方对中国履约国家报告提出的96个提问；率中国政府代表团首次出席了第三次缔约方审议大会，向国际原子能机构正式提交了《联合公约》第一次中国国家报告。

《核安全公约》　2009年9月28日—10月1日，环境保护部代表出席了在奥地利维也纳召开的《核安全公约》第五次审议大会特别会议暨组织会议。讨论通过了规则修正案及有关《核安全公约》第五次审议大会筹备事宜，环保部李干杰副部长当选为2011年《核安全公约》第五次审议大会主席。环境保护部牵头完成了《核安全公约》第五次国家报告编审委员的换届，召开了《核安全公约》第五次国家报告编审委员会第一次会议，讨论并通过了第五次《核安全公约》编写框架和工作计划，启动了第五次《核安全公约》国家报告编写工作。

《蒙特利尔议定书》、《斯德哥尔摩公约》、《巴塞尔公约》、《鹿特丹公约》　2009年，环境保护部与荷兰住房、空间规划及环境部联合举办了中荷废物越境转移管理短期培训，与日本环境省开展了第三次中日固体废物管理司长级对话和第二次中日废物进出口管理部门间座谈会，参加了欧盟环境法执行和执法网络（IMPEL/TFS）2009年年会、防止危险废物非法越境转移的亚洲网络2009年研讨会。

《生物多样性公约》　制定了《中国生物多样性保护战略与行动计划》，确定了35个优先保护区域，提出了今后一段时期（2010—2030年）中国生物多样性保护的战略思想、战略方针和指导原则，制定了近期、中期、远期战略目标任务，提出了保护优先领域、优先行动和优先项目，以及为做好相关工作的保障措施。截至2009年底，对中国6万多种生物（含重复）及数十万份种质资源进行了编目，建立了国家生物物种资源数据库平台。已在16个省（自治区、直辖市）开展生物多样性评价试点工作，获得了丰富翔实的基础数据，初步建立了全国生物多样性评价技术体系。参加了一系列《生物多样性公约》谈判和其他会议。

十七、环境宣传教育

2009年，环境宣传教育工作紧紧围绕环保中心工作，竭诚服务环保工作大局，开拓思路，勤奋工作，为环境保护工作的顺利推进营造了良好的舆论氛围。

环境保护部会同中宣部、教育部联合下发《关于做好新形势下环境宣传教育工作的意见》，明确提出要加紧构建政府主导、各方配合、运转顺畅、充满活力、富有成效的环境宣教工作大格局，并对新形势下环保宣教工作的目标、任务及保障措施等作了全面部署，统一了上下的思想认识，明确了工作方向。

新闻宣传工作要充分利用各种新闻报道资源，统筹协调电视、报纸、网络等媒体，精心组织“让江河湖泊休养生息”系列报道，深入报道“锰三角”环境综合整治成效，周密安排世界湖泊大会等51场次重要会议活动、35场部内重要会议活动、44场外事活动的报道，主动围绕媒体和社会普遍关心的问题发布新闻通稿，并积极利用重要宣传平台组织专题新闻发布会，为推进环保事业发展提供了有力的舆论支持。据不完全统计，16家中央主流媒体共刊发、播出环保稿件855篇（次），其中人民日报89篇、新华社162篇、中央电视台192条（次）。

有序开展“六·五”世界环境日宣传活动，举办了“六·五”世界环境日纪念暨千名青年环境友好使者启动仪式、“探索环保新道路——“六·五”世界环境日特别论坛”等系列活动；圆满地完成了迎接国庆60周年筹展筹办任务等。

十八、全国特大、重大环境污染事件发生情况

2009 年，环境保护部共接报并妥善处置突发环境事件 171 起，比上年增加 26.7%。其中特别重大突发环境事件 2 起，重大突发环境事件 2 起，较大突发环境事件 41 起，一般突发环境事件 126 起。

按照事件起因分类，由安全生产事故引发的 63 起，占总数的 36.84%，比上年增加 6 起；由交通事故引发的 52 起，占总数的 30.41%，比上年增加 27 起；由企业排污引发的 23 起，占总数的 13.45%，与上年持平；由其他因素引发的环境事件 33 起，占总数的 19.30%，比上年增加 3 起。

按照环境污染类型分类，水污染事件 80 起，大气污染事件 61 起，固体废物污染事件 3 起，土壤污染事件 16 起，海洋污染事件 2 起，其他类型环境污染事件 9 起。

十九、环境状况公众满意度调查

为了解公众对中国环境状况和环境状况变化趋势的直接感受，2009 年，环境保护部在全国范围内组织了“公众对环境状况满意度调查”。

本次调查综合了环境科学、心理学、社会学、统计学等领域专家的意见和既往环境领域公众调查的研究成果，经过专家研讨、问卷设计、数据录入系统设计、试调查、调查和分析等主要环节，在除港澳台、新疆之外的 30 个省（自治区、直辖市），调动了 40 余所大专院校的近 500 名大学生志愿者，对近 6 000 名城市和农村居民开展了问卷调查。

本次调查中，55.6%的受访公众对目前的环境状况表示“满意”或“比较满意”。受访公众对城市和农村环境状况满意度最高的均是饮用水质量，最低的分别为环境噪声和垃圾处理。农村受访者的环境状况满意度普遍低于城市，尤其是在垃圾处理和饮用水质量方面。东北地区受访公众对环境状况的满意度评价最高，华北地区受访公众对环境状况的满意度评价最低。

在对环境状况改善的满意度方面，65.8%的城市受访者和57.9%的农村受访者表示“满意”和“比较满意”。公众对环境整体状况改善的满意度最高的是东北地区，其次是西南地区；华北地区受访者对环境状况改善的满意度最低。

此次调查还专门设立了开放性问题，共收到有效回答741条，通过对这些开放性问题的分析，公众的意见与建议主要集中在以下几个方面：在推动经济社会发展的同时，要更加关注对环境的保护；应当进一步加强对环境质量状况的监测和监督；环境管理的力度应当进一步加强。

探索环保新道路　大力推进绿色发展*

——环境保护部部长周生贤在《人民日报》（2010 年 6 月 4 日 21 版）上发表的署名文章

6 月 5 日是一年一度的世界环境日。我国今年世界环境日的主题是“低碳减排·绿色生活”，旨在倡导公众践行绿色消费，积极推进生态文明建设，努力实现清洁发展、安全发展、绿色发展和可持续发展。

发展是人类社会追求的永恒主题。人类文明的发展，历来是在不断应对和克服人与人、人与自然、人与社会各种矛盾过程中艰难前进。由于人与自然矛盾激化，发展遭遇前所未有的阻碍，促使人们对环境问题认识的觉醒，进而不断探索新的发展路径。特别是在应对国际金融危机冲击中，许多国家都更加突出“绿色”的理念和内涵，实施“绿色新政”，以此来谋划后危机时代的发展。人们普遍认识到，发展绿色经济不仅可以节能减排，而且能够更加有效地利用资源、扩大市场需求、提供新的就业，是保护环境与发展经济的重要结合点。推进绿色发展，为环境保护带来了压力和机遇。

改革开放 30 多年是我国环保事业大发展的 30 多年，也是不懈探索中国环保新道路的 30 多年。西方发达国家走过的“先污染后

---

* 本文原载《环境保护部公报》2010 年第 6 期。

治理、牺牲环境换取经济增长”，注重“末端治理”的环保老路，在我国走不通，也走不起。一段时期内，我国不少地区和环保部门把环境保护与经济发展对立起来，把环境保护看成是简单的污染防治，就污染谈污染，就环保论环保，实践中走了弯路。面对严峻的环境形势和艰巨的环保任务，需要与时俱进的改革创新精神，立足基本国情，借鉴经验教训，积极探索出一条代价小、效益好、排放低、可持续的环境保护道路。“代价小”就是要坚持环境保护与经济发展相协调，以尽可能小的环境代价支撑更大规模的经济活动；“效益好”就是要坚持环境保护与经济社会建设相统筹，寻求最佳的环境效益、经济效益和社会效益；“排放低”就是要坚持污染预防与环境治理相结合，用适当的环境治理成本，把经济社会活动对环境的损害降低到最小程度；“可持续”就是要坚持环境保护与长远发展相融合，以环境保护的不断加强推动经济社会可持续发展。

探索环保新道路，需要用新的理念进一步深化对环境保护的认识，用新的视野把握好环境保护事业的发展机遇，用新的实践推动环境保护取得更大的实际成效，用新的体制机制保障环境保护的持续推进，用新的思路谋划环境保护的未来，抓紧制定与我国基本国情相适应的环境保护宏观战略体系、全防全控的防范体系、健全高效的环境治理体系、完善的环境法规政策标准体系、完备的环境管理体系、全民参与的社会行动体系，从国家战略层面、经济发展方式转变进程、再生产全过程和生态文明建设主战场进行全力推进。

当前，我国已进入只有加快转变经济发展方式才能促进可持续发展的关键时期。加快经济发展方式转变，关键要有强大外力，就像石墨结构向金刚石结构转化需要高温高压及外加催化剂那样苛刻的外界条件一样。进一步加强环境保护可以提供这一强大外力。这就需要积极探索，充分发挥环境保护对优化经济发展的综合作用。

第一，坚决打好污染减排决胜战，以倒逼机制促进经济结构调整。经过努力，截至 2009 年底，全国化学需氧量和二氧化硫排放量与 2005 年相比分别下降 9.66%和 13.14%，二氧化硫减排已超过“十一五”目标，化学需氧量减排也接近“十一五”目标。今年以来，我们咬定目标，自加压力，明确提出化学需氧量在实现“十一五”目标的前提下，再削减 20 万吨；二氧化硫在 2009 年已经完成任务的基础上，再削减 40 万吨。我们将深入研究健全减排指标、监测和考核体系，把污染减排与改善环境质量紧密结合起来，探索建立减排目标着眼环境质量、减排任务立足环境质量、减排考核依据环境质量的责任体系和工作机制，大力推进结构减排、工程减排和管理减排，通过污染减排的倒逼传导机制，促进经济发展方式转变和产业结构调整。

第二，深化环境影响评价制度，以源头控制推动产业优化升级。严格控制“两高一资”行业盲目扩张，坚决抑制产能过剩和低水平重复建设。健全环评、评估、审批责任追究机制和部门协调联动机制，强化建设项目环评管理。对未按期完成淘汰落后产能任务的地区，实行建设项目环评“区域限批”。完善规划环评工作，探索战略环评，把资源节约、环境友好以及生态文明的理念和要求落实到经济社会发展规划中，努力构建资源节约和环境友好的国民经济体系和社会组织体系。

第三，健全并完善环境法规政策标准体系，以环境成本优化资源配置。继续探索完善环境政策，促进经济发展和环境保护政策一体化。积极推进资源性产品价格改革和环保收费改革，完善鼓励节能环保的财税体系，研究制定有利于环境保护的产业政策，深化绿色税收、绿色证券、绿色采购、绿色贸易等环境经济政策。

第四，增强环境科技创新和支撑能力，以市场导向发展壮大环保产业。加快发展新兴战略性产业和环保技术，构建以企业为主体的技术创新体系。开发和推广节约、替代、循环利用和减少污染的先进适用技术，促进绿色经济发展壮大，引领技术升级，最大限度地减少污染物排放。

第五，进一步保障和改善民生，以绿色生活助推消费模式转变。环境保护是重大民生问题。经济发展决定人们的生活水平，环境状况决定人们的生存条件。随着生活水平的提高，人民群众由衷地期盼喝上干净的水、呼吸新鲜的空气、吃上放心的食物。我们坚持把环境保护与改善民生紧密地结合起来，把保障群众饮水安全作为首要任务，集中力量解决重金属污染等危害群众健康的突出环境问题。同时，积极倡导适度消费和绿色消费，改变导致对自身生存环境破坏的生产方式和消费模式。

加强环境保护，推进生态文明建设，事关广大群众的切身利益，离不开社会各界的广泛参与，需要全社会行动起来，共同建设共同享有。绿色发展的征程就在脚下延伸，艰巨繁重的任务正摆在面前。只要我们坚定信心、砥砺勇气、携手共进，一定能够早日实现山清水秀天蓝地绿的美好愿景。

让江河湖泊休养生息*

——环境保护部部长周生贤在第十三届世界湖泊大会上的讲话

（2009 年 11 月 2 日）

各位来宾，女士们、先生们：

上午好！今天，第十三届世界湖泊大会隆重召开，围绕“让湖泊休养生息——全球挑战与中国创新”这个主题深入研讨，对于促进和推动湖泊环境保护，很有意义。我代表中国环境保护部对出席大会的中外嘉宾、各界朋友表示热烈欢迎！

中国政府高度重视环境保护，把保护环境确立为一项基本国策，把实施可持续发展作为一项国家战略。特别是近几年来，提出建设生态文明、推进环境保护历史性转变、探索中国特色环境保护新道路、让江河湖泊休养生息等一系列新理念，创新举措，付诸实践，环境保护从认识到实践发生重要变化，污染减排取得突破性进展，综合防治能力大幅提升，环境质量持续改善。借此机会，我愿意就生态文明建设和让江河湖泊休养生息与大家进行交流。

中国共产党第十七次全国代表大会把建设生态文明作为一项战略任务确定下来，提出要基本形成节约能源资源和保护生态环境的

* 本文原载《环境保护部公报》2009 年第 11 期。

产业结构、增长方式、消费模式，推动全社会牢固树立生态文明观念。去年 9 月，胡锦涛总书记首次把生态文明建设提升到与经济建设、政治建设、文化建设、社会建设并列的战略高度，作为建设中国特色社会主义事业总体布局的有机组成部分。在刚刚召开的十七届四中全会上，胡锦涛总书记对生态文明建设做了再次强调和集中论述。

生态文明建设是在科学发展观指导下，立足我国工业化、城镇化和新农村建设快速推进过程中环境保护的严峻形势，深入把握环境保护规律，借鉴国外环保经验教训，适应当前和未来环保要求提出的。这一重大战略思想的提出，既是文明形态的进步，又是社会制度的完善；既是价值观念的提升，又是生产生活方式的转变；既是中国特色环保新道路的目标指向，又是人类文明进程的有益尝试。

生态文明是人类在利用自然界的同时又主动保护自然界，积极改善和优化人与自然关系，建设良好的生态环境而取得的物质成果、精神成果和制度成果的总和。生态文明代表着人类文明的发展走向。

生态文明建设所追求的是，坚持可持续发展的理念和要求，从文明建设的高度来统筹环境与经济社会发展，在更高层次上实现人与自然、环境与经济、人与社会的和谐。传统工业文明导致人与自然关系的对立，而生态文明建设则首先要重构人与自然的和谐。但这种和谐不同于农业文明的和谐，是自觉的、科学的、长期的、高水平的和谐。

生态文明建设以把握自然规律、尊重和维护自然为前提，以人与自然、人与人、人与社会和谐共生为宗旨，以资源环境承载力为基础，以建立可持续的产业结构、生产方式、消费模式以及增强可持续发展能力为着眼点，强调人的自觉与自律，人与自然的相互依存、相互促进、共处共融。

作为人类文明的一种高级形态，作为中国特色社会主义事业总体布局的组成部分，生态文明建设涵盖先进的生态伦理观念、发达的生态经济、完善的生态制度、基本的生态安全、良好的生态环境等。具有以下四个鲜明特征：

——在价值观念上，生态文明强调给自然环境以平等态度和人文关怀。生态文明强调人类在尊重自然规律的前提下，利用、保护和发展自然，给自然以人文关怀。与传统工业文明的价值观相比，生态文明的价值观要求实现三个转变：从人是主体有价值，自然不是主体没有价值，向人是主体有价值，自然也是主体也有价值转变；从传统的“向自然宣战”、“征服自然”，向“人与自然和谐共处”转变；从传统经济发展动力——利润最大化，向生态经济全新要求——福利最大化转变。

——在实践途径上，生态文明体现为自觉自律的生产生活方式。生态文明追求经济与生态系统之间的良性互动，坚持经济运行生态化，改变高消耗、高排放、高污染的生产方式，以生态技术为基础实现社会物质生产的良性循环，使绿色产业和环境友好产业在产业结构中居于主导地位，成为经济增长的重要源泉。克制对物质财富的过度享受，倡导和践行绿色消费，选择既满足自身需要又不损害自然环境的生活方式。

——在社会关系上，生态文明推动社会走向和谐。随着环境污染侵害事件和投诉事件的逐年上升，环境问题已成为影响社会和谐的重要制约因素。建设生态文明，将生态化渗入到社会管理中，追求代际、群体之间的环境公平与正义，扩大公众环境参与，有利于推动人与自然、人与人、人与社会实现和谐。

——在时间跨度上，生态文明是长期艰巨的建设过程。中国正处于工业化中期阶段，传统工业文明的弊端日益显现。发达国家上百年出现的污染问题，在中国快速发展的过程中集中出现，呈现出压缩型、结构型、复合型特点。生态文明建设面临的繁重任务和巨大压力，决定了生态文明建设不会一帆风顺，不可能一蹴而就，需要坚持不懈地努力。

生态文明重在建设。大力推进生态文明建设，促进人与自然和谐，是经济社会发展赋予环境保护工作的时代重任，是新时期环境保护事业的灵魂所在和目标指向。建设生态文明，需要全社会共同参与、共同建设、共同分享，其中，环境保护是生态文明建设的主要阵地和根本抓手。当前，环保部门的主要任务就是，高擎生态文明建设的大旗，继续探索中国特色环保新道路，主动争做生态文明建设的倡导者、引领者和践行者，从生态文明建设最迫切最需要的方面和环节着手，推动生态文明建设取得积极进展。一是大力发展绿色经济、低碳经济和循环经济，努力形成符合生态文明要求的生产方式和消费模式；二是坚持改革创新，加快推进可持续发展体制机制建设；三是坚持不懈地推进主要污染物减排，不断改善环境质量；四是坚持以人为本，着力解决危害群众健康的突出环境问题；五是用人文关怀治水治污，让江河湖泊休养生息、恢复生机；六是加强宣传教育，在全社会树立和弘扬生态文明观念。

让江河湖泊休养生息是生态文明理念在水环境综合治理领域的集中体现，是生态文明建设的重要抓手，也是生态文明建设的一项主要任务。2008 年初，胡锦涛总书记从生态文明建设的战略高度，提出让江河湖泊休养生息，使休养生息成为中国水环境综合治理的指导思想。让江河湖泊休养生息的提出，对于推动生态文明建设，促进经济社会全面协调可持续发展具有重要意义。

——让江河湖泊休养生息是人类文明发展进步的基础所系。水乃生命之源，世界万物之本，文明兴衰之根。人类文明进程表明，民族的强盛、社会的繁荣、文化的发展，无不与水有着紧密联系。汹涌澎湃的尼罗河孕育了璀璨的古埃及文化，幼发拉底河的荣枯消长直接影响到巴比伦王朝的盛衰兴亡，地中海沿岸优美的自然环境成为古希腊文化的摇篮，奔腾不息的黄河长江滋润着绚丽而厚重的中华文明。在数千年的人类文明演进中，具有独特功能的湖泊是维系人与自然和谐发展的重要纽带，全球湖泊的加速消亡正在严重威胁湖泊的生态服务功能。因水资源不合理利用造成文明兴衰的例子比比皆是，中国古代辉煌的楼兰文明已埋葬在万顷流沙之下，水草丰美的美索不达米亚、小亚细亚如今已变成不毛之地，闻名于世的地中海腓尼基文明、北非撒哈拉文明相继消亡。可以说，是水孕育了人类，人水和谐，延绵不断，支撑着人类文明的浩瀚进程。

——让江河湖泊休养生息是中国历史上安邦兴国成功经验的理性升华。休养生息是中国历史上根据安邦兴国、治国理政的客观需要，采取的减轻人民负担、安定生活、恢复元气的重要政策。汉初采取宽刑薄赋、军功授田、奴婢复民、逃者归产等措施，大大恢复了国家实力，为汉武帝时期开拓疆土、形成国家格局奠定了基础。唐代贞观时期提倡节俭，轻徭薄赋，发展生产，奖励农耕，出现牛马布野、谷价低廉、路不拾遗、社会升平的昌盛景象。清王朝在明末战乱贫弱的基础上，励精图治，治河开荒，振兴经济，实施摊丁入亩等休养生息政策措施，开创了长达130多年的康乾盛世。

——让江河湖泊休养生息是尊重自然规律的重要体现。在粗放型经济发展模式下，经济发展速度越快，污染物排放量越大。当人们对水环境的索取大大超过其承载能力时，流域生态系统就会严重失衡，“体弱多病”，不堪重负，如果继续延续下去，就会产生严重的生态灾难，甚至威胁到人类生存。正如恩格斯在《自然辩证法》中所指出的：“我们不要过分陶醉于我们人类对自然界的胜利。对于每一次这样的胜利，自然界都对我们进行报复。”让江河湖泊休养生息，就是给水环境以必要的时间和空间，充分发挥水生态系统的自我修复、自我更新功能，使生态系统得以恢复、发展，由“失衡”走向平衡，进入良性循环，实现人水和谐发展。

——让江河湖泊休养生息是国内外水环境治理经验教训的有益借鉴。从国外情况看，20 世纪 70 年代，针对积重难返的环境问题，发达国家纷纷采取严厉措施保护环境、治理水污染。日本为治理琵琶湖，从 20 世纪 70 年代初开始，对污染物排放总量进行控制，实行严于全国的污染物排放标准和环境影响评价标准，大幅提高污染物排放限值，禁止含磷合成洗涤剂的使用，对家庭排水和家畜废水也提出严格处理要求。同时通过实行底泥疏浚工程，用芦苇丛进行水质净化，清理革除湖内青草等措施，促进湖泊生态修复。既改善了琵琶湖环境质量，又提升了周边地区的发展水平。

从国内情况看，江苏太湖和云南洱海水环境治理经验教训很有借鉴意义。2007 年 5 月，太湖蓝藻暴发，危机过后江苏省和无锡市“痛定思痛”认识到：太湖污染在水中，根子则在岸上，打捞蓝藻是“扬汤止沸”，控源截污是“釜底抽薪”。于是调整工作思路，把控制外源和内源结合起来，对 15 条入湖河流实行“一河一策”的严格控源截污措施。2008 年，太湖湖体综合富营养化状态指数为 60.2，同比下降 1.5；53 个国家考核断面水质达标率为 67.9%，同比提高 28.3 个百分点。1996 年 9 月和 2003 年 7 月，洱海先后两次发生大面积蓝藻暴发，水质急剧恶化，局部区域水质下降到地表水Ⅳ类，引发饮水安全危机。面对严峻的水环境形势，大理州政府采取有力措施，启动洱海生态修复、环湖治污和截污、城镇垃圾收集和污水处理系统建设、流域农业农村面源污染治理、流域水土保持、洱海环境教育管理等六大工程，取得明显成效。自 2004 年以来，洱海水质连续 5 年总体达到地表水Ⅲ类标准，去年有 8 个多月水质达到Ⅱ类。

让江河湖泊休养生息的实质是坚持以人为本，遵循自然规律，以水环境容量和承载力为基础，统筹环境与经济关系，积极主动给江河湖泊以人文关怀，采取综合手段，提高水环境的生态服务功能，促进经济社会又好又快发展和人的全面发展。通过近几年探索和实践，我们认识到，让江河湖泊休养生息，要坚持以下原则。

——以人为本、改善民生是核心。科学发展观的第一要义是发展，核心是以人为本。发展的最终目的是满足人民群众不断增长的物质文化需求，不断改善人民群众的生活质量。生活质量不仅包括衣食住行的满足，而且包括良好的环境和健康状况。环境保护是重大的民生工程，功在当代，利在千秋。如果经济发展了，物质生活丰富了，环境却破坏了，喝的水是不合格的，生活环境污水横流，群众健康受到严重损害，就违背了发展的目的，发展也不可持续。让江河湖泊休养生息，必须始终坚持以维护人民健康为根本出发点，协调经济发展、社会进步和环境保护的关系，把经济社会纳入全面协调可持续发展的轨道。

——恢复生机、提升活力是目标。休养生息不是消极无为，不是延缓停顿，更不是停滞不前，不是要不要发展的问题，而是创造发展条件，积蓄发展力量，是一个进一步察势、蓄势、扬势的过程。通过休养生息，对长期困扰中国经济发展的粗放型增长方式形成强大压力，促进发展观念的转变、发展模式的创新和发展质量的提高，从根本上缓解水环境压力，恢复水生态系统的生机和活力，提高其生态服务功能。

——遵循规律、道法自然是前提。江河湖泊是有生命的生态系统，具有自我调节、维持系统平衡的能力。让江河湖泊休养生息，必须遵循和把握内在规律，坚持环境优先理念，将水环境容量和承载力作为经济社会发展规模、布局和速度的基础，将环保要求作为各类经济活动的约束性条件，采取多种措施，在发展经济过程中，维持水生态系统自身平衡，促进系统良性循环。

——系统管理、综合治理是方法。水污染防治是一项复杂的系统工程，需要全方位防范、全面治理、全民参与。在管理方法上，涉及多个地区和多个部门，必须构建上下游相互协调、各部门密切协作，横向到边、纵向到底的合作体系，形成治污合力；在治理技术上，必须综合运用工程、技术和生态方法，加大治理力度；在治理手段上，必须充分运用法律、经济和必要的行政手段，既形成严格排放合理开发的强大压力，又形成主动治理水环境的积极动力。

——控源截污、转型发展是关键。粗放型经济发展模式，导致江河湖泊普遍受到污染，水生态系统遭受不同程度的破坏。让江河湖泊休养生息，必须坚持全面推进重点突破，标本兼治远近结合，将控源截污作为实施休养生息的关键，既“扬汤止沸”，又“釜底抽薪”。加大城镇污水处理设施等治污工程投入力度，有效开展污染治理，将污水处理在岸上，减少水体纳污负荷。制定绿色经济政策，严格环境准入，从源头上减少污染物的产生和排放。充分利用休养生息政策措施形成的倒逼机制，促进产业结构调整和发展方式转变，使原有产业“凤凰涅槃、浴火重生”，新兴产业“另辟佳径、落地生根”，实现水环境保护和经济社会发展的双赢。

近几年，我们对休养生息的认识不断深化，实践快速推进，措施日臻完善。各地严格环境准入，淘汰落后产能，优化产业结构。松花江流域三省（区）组织制订了具有区域产业特色的糠醛工业污染物排放地方标准。山东省在南水北调沿线区域执行的 COD 排放标准，严于2008 年国家行业标准 2.5 倍，促进了产业优胜劣汰。各地不断丰富筹资方式，加大投入，推进污水治理。截至 2008 年年底，列入《黄河中上游流域水污染防治规划》的治污项目共 528 个，已完成（含调试）237 个，占 44.9%；在建 151 个，占 28.6%；前期准备 111 个，占 21.0%；未启动 29 个，占 5.5%。计划共安排投资 319.9 亿元，已完成投资 171.5 亿元，占 53.6%。各地积极开展环保专项行动，严厉打击环境违法行为。2008 年，淮河流域四省共出动执法人员 52.2 万人次，检查企业近 21.8 万家次，立案查处违法企业 1 639 家。各级地方政府层层签订水污染防治目标责任书，并作为领导干部政绩考核的重要内容。

经过努力，在经济社会快速发展的情况下，遏制了水污染加剧趋势，2008 年各流域水质状况均略有改善，地表水中高锰酸盐指数年平均浓度为 5.7 毫克/升（今年上半年为 5.3 毫克/升），第一次达到Ⅲ类水质标准。七大水系Ⅰ～Ⅲ类水质断面由 2005 年的 41%提高到 55%。28 个国控重点湖泊（水库）中，Ⅱ类水质比例由 7%提高到 14.3%。

我们也清醒地看到，中国水环境形势依然严峻，水环境系统的生态服务功能亟须改善。我们必须不断创新休养生息各项政策措施，使其渗透到经济社会发展各个方面每个环节，采取强有力措施，让江河湖泊焕发生机。一是大力发展绿色经济、低碳经济、循环经济，严格环境准入，促进产业结构调整和发展方式转变，从源头控制污染。二是全面防治污染，加大工业污染源治理力度，加快推进城镇污水处理设施建设，积极开展农业面源污染防治，统筹水资源开发利用。三是强化综合手段，切实落实考核问责制度，加大环保投入，完善环境经济政策，严格环境执法监管，加快科技攻关。四是加强宣传教育，鼓励公众参与，在全社会大力弘扬和牢固树立生态文明观念，形成全社会共同关心共同参与共同建设的良好局面。

各位来宾，女士们、先生们：

建设生态文明使命光荣，搞好环境保护责任重大。我们将继续解放思想，开拓进取，努力探索中国特色环境保护新道路，继续推进让江河湖泊休养生息。我们愿不遗余力地开展国际环境交流与合作，共同应对全球环境问题的挑战，为人类更加美好的明天做出更大贡献。

逆市飘红显华章*

——环境保护部部长周生贤在广东南海区探索环保新道路促进经济发展的调研报告

南海隶属广东省佛山市，面积 1 073 平方公里，2008 年常住人口 208 万，流动人口 105 万。近几年，南海努力建设生态文明，加快推进历史性转变，积极探索中国环保新道路，再造新优势，谋求新发展，始终坚持环境保护优化经济增长，将节能减排作为硬抓手，充分利用环境保护的倒逼机制，加快淘汰落后产能，大力推进经济结构调整，使得产业得到显著提升，环境质量得到明显改善，实现了环境与经济的双赢。2007—2009 年 SO_2、COD 排放量年均降幅分别为 17.6%和 6.5%，万元 GDP 能耗年均下降 11.4%，而 GDP 保持年均 17.7%的增长。南海在应对国际金融危机中表现抢眼，经济发展逆市飘红，在珠三角地区经济增速第一。

一、南海探索环保新道路的基本做法

为深入贯彻落实科学发展观，扎实推动节能减排工作，南海提出“为了更好的生活而发展”、“环境就是财富，环境就是优势，环保就是民生”的发展战略，在实施结构减排、优化产业结构、改善

---

* 本文原载《环境保护部公报》2010 年第 5 期。

环境质量、再造环境优势等方面，形成一系列新思路，采取一些新做法，积累不少新经验。

（1）引导与倒逼并用，助推企业和谐转型

南海以总量减排为突破口，充分运用污染减排的倒逼机制，积极采取落后产能退出办法，在实施严格的地方准入标准和淘汰计划同时，出台“环保贡献奖”、“转型转产奖”等经济激励或补偿政策，引导重污染企业主动退出，大大降低企业关停的争端和不稳定因素。仅 2008 年，区镇两级用于节能减排治污专项奖励资金就达 1.6 亿元。南海财政预计让利和投入超过 13 亿元，在产业转型后土地使用确权及出让、项目引进、转型转产投资等方面进行奖励，通过优惠政策和资金杠杆助推企业转型升级。退出补偿机制的建立，加快了南海区产业结构调整步伐，形成了重污染企业从“要我退”向“我要退”转变的局面。

（2）多管齐下，推动产业向环境友好型转化

2009 年，南海对污染相对集中、问题比较突出的区域，强力开展重点的、全方位的综合治理，关闭 44 家企业，整治提升 8 家企业，SO_2、COD 分别削减 7 774 吨和 450 吨。在不同功能的规模化园区实行统一供水、统一供汽、统一污水处理的“三统一”，推行产业配套发展、环境治理有保障的循环经济发展模式。如西樵纺织产业基地实施“三统一”产业园区建设，使 30 多家印染企业互为关联、互为产业链，减排 5 000 吨 COD，集聚了年产值达 100 亿元的纺织、服装及其关联的上下游企业，有力地推动西樵纺织业集群发展。陶瓷企业从原来的 108 家锐减至现在的 10 家，但产值、税收占该行业原有的 80%，SO_2 排放量仅为原来的 3%。

南海以“转移企业而不是转移污染”为原则，大力推进“双转移”（产业转移和劳动力转移），通过配套政策资金、双向服务、落实责任、创新工作方式等，使“双转移”成为优化南海环境、提升转入地经济、打造双赢局面的有效手段。目前，已成功转移企业109家，培训、接收区内外劳动力分别达8 000多人和43 000多人。

（3）城乡一体统筹，促进环境质量稳步转优

南海按照城乡统筹的要求，重新规划覆盖全区的生活和工业污染治理建设工程。今后两年，将建设污水处理项目 48 个，收集管网建设项目23个，完成区内1 530千米河涌治理和19个泵站建设。延伸至城镇、农村的污水处理及管网工程建设全面铺开，项目完成后，全区城乡生活污水处理率达到 77%，相当于日本 2005 年的水平。再加上河涌截污、疏浚、水资源调度等措施，让河涌“休养生息”，被污染的河涌正朝着生态恢复的健康方向发展。

两年来共投入近 3 500 万元，初步建成覆盖全区的环境监测体系，环境监管体系延伸到镇、村。各镇组建了环保办、环境监测分站和环境监察中队，不少村设有专职环保监督员。由于成功构建科学有效的城乡污染防控体系，全区环境质量逐年好转。

（4）点面结合，实现“三旧”向“三新”转升

南海按照广东省委提出的“两转型、一再造”（城市转型、产业转型和环境再造）要求，主动改善环境，为促进经济社会全面发展赢得先机、增强后劲。通过“三旧”改造，实现从“旧城镇、旧厂房、旧村居”向“新的城市形态、新的产业形态、新的生活方式”转变，与节能减排、都市型产业、土地储备和城镇化建设紧密结合，使整个区域环境得到改善，为南海的结构调整打开了一个“向前疏

导的门”。“三旧”改造，首先是“腾笼换鸟”，促进产业优化升级。如夏西村在原来的旧工业区上开发新的工业小区推动产业转移，经营收益是原来旧工业区的三倍以上。其次是村镇容貌焕然一新，拓展都市型产业空间。如桂城对旧佛平涌及周边环境的改造，使城区水环境大为改善，周边区域地价大幅增值，成为金融、高科技等都市型产业集聚示范区。最后是实现集约用地，提高土地利用率。如位于广佛商贸走廊中心位置的大沥镇新都会项目，占地 3 公顷、建筑面积达 15 万平方米，整合原有零乱低矮的旧厂房、店铺、住宅改造而建成大型购物中心、四星商务酒店和甲级写字楼，投资强度达每公顷 2.25 亿元，土地利用效率明显提升。

二、南海探索环保新道路促进经济发展的主要成效

经过三年的探索和实践，南海的产业结构更优，经济发展更好更快，环境与经济的关系更融合，人居环境更靓，人民群众环境意识和生态文明观念更牢固。

（1）产业结构得到显著优化

南海结构减排促进产业结构发生很大变化，形成了市场竞争力很强的产业形态。由陶瓷、有色金属、纺织、玻璃为代表的传统高污染、高能耗、低效益的产业初步转成高科技、高附加值、低能耗、低污染的产业，集约化经营、规模化发展成效显现。电气机械及器材制造业 2008 年产值已经突破 300 亿元，通信设备、计算机及其他电子设备制造业 2008 年的总产值比 2005 年增长近 10 倍。正在建设的“广东金融高新技术服务区”被列为省七大金融创新平台之

首，已引进友邦保险、中国人保、富士通数据中心等 23 家大型金融机构。

（2）区域经济得到快速发展

都市型产业产值连续三年保持 30%以上的增长，2009 年，汽车配件、电子信息两大行业产值均超百亿元，税收接近 10 亿元。2007 年以来，GDP 年均增长 17.7%，人均 GDP 年增幅 23%。近三年全区税收年均增长 20%以上。

（3）环境质量得到明显改善

结构调整大幅度降低了资源能源消耗量和污染物排放量，产业结构的优化使南海的环境与经济关系趋向融合。自 2005 年以来，同期规模以上工业能耗出现稳中有降的趋势，单位 GDP 能耗从 2005 年的每万元耗 1.04 吨标准煤下降到 2008 年的每万元耗 0.766 吨标准煤。COD 和 SO_2 年排放量稳步下降，其中 SO_2 的削减主要依靠结构减排，而不是依靠末端治理实现。空气质量优良天数比例持续上升，由 2006 年的 87.8%提高到 2008 年的 96.9%，六大河段 14 个监测断面有 6 个达到Ⅲ类水质，断面水质平均综合污染指数下降 30%以上。

（4）社会和谐得到有效保障

据统计，2009 年群众对经济发展和环境治理的满意度分别达到 95%和 90%。人民群众享受到社会和谐带来的安宁，“近者悦，远者来”，实现了“经济在上升，污染在减少，生活在改善”。

三、南海探索环保新道路的有益启示

南海区充分利用环境保护的倒逼机制，引导企业关闭退出或改造提升，调整产业结构，有效地促进经济社会与环境的良性互动，走出了一条符合地方实际的环保新道路，其基本内涵为：减排倒逼，产业转型；政府有为，主动调整；强力治污，和谐推动；疏堵结合，政策引导；城乡统筹，环境再造。这是建设生态文明的生动实践，是促发展、惠民生、上水平的有益探索。南海的探索和实效，对其他地方尤其是经济发达地区具有重要启示。

启示一：产业结构调整是应对金融危机和后危机的优先选择

南海在金融危机发生前，大力调整产业结构，集中整治城乡环境，有效拉动内需，优化经济结构，结果是 COD 和 SO_2 的排放降了，但 GDP 上升了，“率先突围”。这充分说明，结构调整是应对金融危机的有效措施。节能减排、结构调整对于应对金融危机乃至后危机时代都有十分重要的意义。

启示二：结构减排是环境保护的主攻方向

南海污染减排主要依靠结构减排。工程减排是当前多数地区污染减排工作的重要手段，但它属于末端治理方式，主要在于解决历史欠账和新产生污染物的治理，未来潜力不大、综合效益不高。南海结构减排，效果非常明显，不仅较好地完成了减排任务，而且促进了产业结构调整，从源头上减少污染物产生、资源能源消耗。把污染减排从“末端”推向“中端”和“前端”。如何更加有力地推动污染减排由末端治理减排向结构减排转变，将是“十二五”时期环保工作的重点和难点。

启示三：保护环境是促进绿色发展的源泉活水

南海没有把结构调整看作负担，而是以发展和增值的理念来看待环境保护和结构调整，以“环境再造”来带动区域升值。把对区域环境治理的投入作为一种投资，使环境保护成为绿色发展的核心内容，政府、企业和居民一致认同，都能够从中获益，实现了综合效应。

启示四：工业污染防治是环境与经济融合的关键着力点

南海铁腕治污，和谐推进，实现了节能减排约束性指标和经济又好又快发展。到 2020 年前，我国不少地区仍处于工业化进程中，必须加大工业行业污染防治力度，从产业、产品、企业规模等入手，强化过程控制和集中治理，推动绿色增长，最终达到环境与经济的高度融合。

启示五：保障和改善民生是环境保护的永恒主题

南海经验再次证明，环境保护是重大的民生问题，在经济发达地区实现小康后，改善民生的优先选择是保护环境。要始终坚持环保为民，把维护、保障和改善民生作为环保工作的出发点和落脚点，切实解决关系民生的突出环境问题。同时，也要牢固树立做好环保工作必须紧紧依靠人民群众的意识，解民忧是环保工作的职责之系，集民智是环保工作的推进之基，借民力是环保工作的动力之源。

积极探索中国环保新道路 努力实现城市让生活更美好的共同愿景*

——环境保护部部长周生贤在“环境变化与城市责任”主题论坛上的讲话

（2010 年 7 月 3 日）

尊敬的各位来宾，女士们、先生们，朋友们：

上午好！

世界博览会是一项历经近 160 年，具有重大影响的国际性博览活动。她荟萃人类文明成果的精华，张扬人类聪明才智的遐想，让各国人民共享欢乐友谊和谐，成为推动世界范围内经济、科技、文化、环保发展的巨大动力。

上海世博会是首届以城市为主题的世博会，也是一届探讨新世纪人类城市发展的盛会，其主题为“城市，让生活更美好”，非常契合城市发展的共同愿景。今天，我们齐聚江南历史文化名城南京，畅谈“环境变化与城市责任”。城市是经济、政治、文化、社会、科技、教育的中心。工业革命 200 多年来，城市化的规模、广度、深度加速推进，目前全球超过一半的人口居住在城市，创造了世界 70%以上的产值。诺贝尔经济学奖得主、美国经济学家斯蒂格利茨曾经预言，21 世纪对世界影响最大的有两件事情，一是美国高科技

* 本文原载《环境保护部公报》2010 年第 7 期。

产业，二是中国的城市化。近五年来，中国城镇化率年均增加 0.9%。2008 年，全国地级及以上城市地区生产总值为 18.63 万亿元，占全国 GDP 的 62%。截至 2009 年底，全国城镇人口为 6.22 亿，城镇化率达到 46.6%，逐步接近中等收入国家的平均水平。中国城镇化已呈加速发展趋势，“十二五”期间，中国城镇化水平将超过 50%。

创新是发展的基因。创新和发展是城市持续进步的活力源泉。正因为有了创新和发展，城市才焕发勃勃生机。但城市发展必须是科学发展，又好又快发展，可持续发展。一旦背离了正确轨道，即使城市创造了多么丰富的物质财富也难以为继，并必将对生态环境造成严重影响。这样的惨痛教训并不鲜见。城市需要不断探索新的发展理念、发展路径、发展方式，在解决各种矛盾和难题中创新前行。

在推进新型工业化和城镇化快速发展的进程中，中国政府高度重视环境保护，把保护环境确立为基本国策，把实施可持续发展作为国家战略。进入新世纪，提出建设生态文明、推进环境保护历史性转变、让江河湖泊休养生息、探索中国环境保护新道路等新理念，环境保护从认识到实践发生了重要转变。从我国城市环境保护来看，在城市人口大幅增加，经济持续增长的情况下，城市基础设施建设不断加快，城市污水处理率显著提高，城市环境质量明显提升。2006 年以来，累计新增城市污水日处理能力 4 460 万吨，累计新增燃煤脱硫机组总装机容量 4 亿千瓦以上。截至 2009 年底，我国脱硫机组装机容量占全部火电机组的比重，由 2005 年的 12%提高到 71%，城镇污水处理率由 2005 年的 52%提高到 72.3%，比 90 年代初提高 57.4 个百分点。与 2005 年相比，2009 年环保重点城市空气二氧化硫平均浓度下降 24.6 个百分点；地表水国控断面高锰酸盐指数平均浓度下降 29.2 个百分点。

我们也清醒地认识到，与发达国家工业化和城镇化进程相比，发达国家二三百年分阶段出现的环境问题，在我国近 30 多年来的快速发展中集中出现，呈现明显的压缩型、结构型、复合型特点，环境与经济发展的矛盾更加尖锐，环境问题影响社会和谐更加突出，已经成为经济社会持续发展的重要制约因素。

我国作为一个拥有 13 亿多人口的发展中大国，发展的压力前所未有，环保的压力也前所未有。发达国家走过的“先污染后治理、牺牲环境换取经济增长”，注重“末端治理”的环保老路，在我国行不通，也走不起。我们必须深入贯彻落实科学发展观，在生态文明视野下，在新型工业化和快速城镇化进程中，立足基本国情，借鉴经验教训，不断改革创新，积极探索出一条代价小、效益好、排放低、可持续的环境保护道路。“代价小”就是要坚持环境保护与经济发展相协调，以尽可能小的环境代价支撑更大规模的经济活动；“效益好”就是要坚持环境保护与经济社会建设相统筹，寻求最佳的环境效益、经济效益和社会效益；“排放低”就是要坚持污染预防与环境治理相结合，用适当的环境治理成本，把经济社会活动对环境的损害降低到最小程度；“可持续”就是要坚持环境保护与长远发展相融合，以环境保护的不断加强推动经济社会可持续发展。

探索环保新道路，需要用新的理念进一步深化对环境保护的认识，用新的视野把握好环境保护事业的发展机遇，用新的实践推动环境保护取得更大的实际成效，用新的体制机制保障环境保护的持续推进，用新的思路谋划环境保护的未来，抓紧制定与我国基本国情相适应的环境保护宏观战略体系、全防全控的防范体系、健全高效的环境治理体系、完善的环境法规政策标准体系、完备的环境管理体系、全民参与的社会行动体系，从国家战略层面、经济发展方式转变进程、再生产全过程和生态文明建设主战场全力推进。

女士们、先生们，朋友们！

进一步做好城市环保工作，是积极探索中国环保新道路的重要内容。城市是经济建设、政治建设、文化建设、社会建设以及生态文明建设的各种要素高度聚集区，随着人均 GDP 水平的提高和消费结构升级，城市居民对环境质量的要求越来越高，日益成为社会和谐的重要标志。更好地保护城市生态环境，是城市发展的必然趋势，良好的生态环境已经成为城市发展新的竞争优势。城市生态环境保护作为加快城市经济发展方式转变的重要切入点，可以促进经济转型和民生改善，改变导致对自身生存环境破坏的生产方式和消费模式。

当前，我国已进入加快转变经济发展方式和进一步改善民生的新阶段，环境保护是重要切入点和关键支撑点。经济发展决定人们的生活水平，环境状况决定人们的生存条件。干净的水、清洁的空气、放心的食物和优美的环境直接关系人民群众生活质量，关系社会稳定，关系城市发展的根本目的。城市是加强环境保护的重要阵地，在我国环境保护总体格局中具有举足轻重的作用。为有力推进城市环境保护，让生活更美好，需要着重从以下几个方面采取措施：

第一，加强饮用水水源地环境保护，让城镇居民喝上干净的水。水是生命之源，发展之基。饮水用水安全与日常生产生活息息相关。“十一五”以来，我们把保障饮水安全作为首要任务，指导各地科学划定和调整饮用水水源保护区，坚决取缔水源保护区内的直接排污口。前不久，环境保护部会同发展改革委等部门编制发布《全国城市饮用水水源地环境保护规划(2008—2020年)》，明确提出到2015年，水质达标的饮用水水源地比例不低于 90%，到 2020 年达到并稳定在 95%以上。规划要求地方各级政府，以改善城市饮用水水源地环境质量为目标，重点做好城市饮用水水源保护区划定和保护工作，优先开展与水源地环境保护、监测管理和应急能力相关的工程建设，加强饮用水水源地环境监测和监管，排查清除污染隐患，防范威胁饮水安全的突发环境事故。同时，加大“三河三湖”、三峡库区及上游、南水北调水源地及沿线、松花江、黄河小浪底库区及上游等重点流域水污染防治力度，努力让江河湖泊休养生息、恢复生机。

第二，推进区域大气污染联防联控，让城镇居民呼吸上新鲜的空气。近年来，我国一些地区酸雨、灰霾和光化学烟雾等区域性大气污染问题日益突出，严重危害群众健康，影响环境安全。今年 5 月，国务院办公厅转发了环境保护部等 9 个部门制定的《关于推进大气污染联防联控工作改善区域空气质量指导意见》，明确提出确保 2010 年上海世博会和广州亚运会空气质量良好，到 2015 年建立大气污染联防联控机制，重点区域内所有城市空气质量达到或好于国家二级标准，区域空气质量大幅改善。在京津冀、长三角和珠三角地区，要制定并实施火电、钢铁、有色、石化、水泥、化工等重点行业的大气污染物特别排放限值，提高建设项目的环境准入门槛，优化区域产业结构和布局。加强对二氧化硫、氮氧化物、颗粒物、挥发性有机物等重点污染物的防治，强化二氧化硫排放总量控制制度，建立氮氧化物排放总量控制制度。改善城市能源消费结构，强化机动车污染防治，完善区域空气质量监管体系，加强空气质量保障能力建设。

第三，强化农村环境保护，让城镇居民吃上放心的食物。民以食为天，食以安为先。经过多年努力，我国农村环境保护取得较大进展，但是农村环境形势仍然严峻，点源污染与面源污染共存，生活污染和工业污染叠加，各种新老污染相互交织。这不仅影响农村居民生存环境，也威胁城市居民的“米袋子”、“菜篮子”、“水缸子”安全。解决农村环境问题，必须坚持城乡环境保护统筹考虑，协同推进。突出抓好农村水环境治理，把污染防控和生态工程建设结合起来，建设清洁水源。严格控制主要粮食产地和蔬菜基地的污水灌溉，加强畜禽和水产养殖污染防治，鼓励使用高效低毒低残留农药，建设清洁田园。深化“以奖促治”政策措施，抓点带线促面，集中力量开展农村环境综合整治。深化生态建设示范工作，搞好村镇生活垃圾处理，因地制宜地建设清洁家园。

第四，狠抓污染减排和生态环境建设，让城镇居民在优美的环境中生产生活。污染减排是我国加快转变经济发展方式、调整经济结构的重要抓手。今年以来，我们咬定目标，自加压力，明确提出化学需氧量在实现“十一五”目标的前提下，再削减 20 万吨；二氧化硫在 2009 年已经完成任务的基础上，再削减 40 万吨。要认真贯彻落实国务院节能减排工作电视电话会议精神，深入研究健全减排指标、监测和考核体系，大力推进结构减排、工程减排和管理减排，确保完成“十一五”污染减排任务。加快实施生态环境建设工程，强化对水源、土地、森林、草原、海洋、生物等自然资源的生态保护，努力推进污染防治、生态保护与城市环境质量的协同改善，让城镇居民在山清水秀、天蓝地绿的优美环境中生产生活。

第五，推动绿色发展，让城镇居民牢固树立生态文明理念。在这次应对国际金融危机中，许多国家更加突出“绿色复苏”的理念，纷纷实施所谓“绿色新政”，把发展新能源、节能环保、循环经济等绿色经济作为经济刺激计划的重要内容，以培育新的经济增长点，抢占后危机时代国际竞争的制高点。绿色经济、低碳经济与循环经济都强调要资源节约、环境友好、生态平衡、和谐共生，可以纳入到生态文明建设的框架中。弘扬城市绿色发展理念，就是弘扬城市生态文明理念；推进城市绿色发展，就是推进城市生态文明建设。环境意识的广泛宣传和环保知识的教育普及，是实现国家环境保护意志的重要方式。要弘扬绿色发展，倡导生态文明观念，以环境友好促进社会和谐，以环境文化丰富精神文明。

女士们、先生们，朋友们！

城市环境保护任务艰巨，前景光明。让我们秉承生态文明理念，携手合作，开拓创新，在探索中国环保新道路上奋力前行，上海世博会的主题——“城市，让生活更美好”的共同愿景，一定能够早日变成现实。

预祝本次论坛圆满成功！谢谢大家。

后 记

为满足社会各界广大读者了解当前环境保护形势和政策的需求，环境保护部公报编辑部以《中华人民共和国环境保护部公报》自2009年11月至2010年7月期间刊发的部领导讲话、署名文章、调研报告以及2010年6月环境保护部正式发布的《2009年中国环境状况公报》为基础，编辑了这本《环境形势与政策读本》，由中国环境科学出版社正式出版发行。

《环境形势与政策读本》是一本集成传播当前我国最新、最权威环境时政信息的公众读物。本书重点介绍了近期我国加强环境保护的重大方针和政策，过去一年我国的环境状况，我国在加强环境保护、建设生态文明过程中取得的主要成就以及当前环境保护工作的形势和主要任务，等等。通过阅读本书，读者可以更加全面和准确地了解我国当前的环境形势和政策，正确认识社会上的各种环境热点问题，从而更好地参与环境友好型社会和生态文明建设。

编者选编的所有内容都是最近一个时期来由《环境保护部公报》所发布的，这使得读本具有了较强的时效性和权威性。编者对所选重要文件编定了章节，并对内容进行了适当摘编。突出了内容重点，同时也提高了读本的可读性，并送请环境保护部有关部门和领导审定。

《环境形势与政策读本》是《全民环境教育系列读本》的一种。从 2009 年 6 月起，中国环境科学出版社启动了《全民环境教育系列读本》编写工作。《全民环境教育系列读本》是我国首次以成系列的方式集中出版的全民环境教育读本，目标读者包括党政干部、企业员工、城乡居民、部队官兵和学校师生等。系列读本的出版发行将对提高全民环境意识，推动环境公众参与，促进生态文明观念在全社会牢固树立发挥积极作用，成为权威、规范的环境保护知识普及读物。

政府公报是实现政务信息公开的重要途径和法定载体，在推进依法行政过程中发挥着非常重要的作用。由环境保护部主办的《环境保护部公报》是环境信息公开的重要传播平台。自 2009 年恢复出版以来，《环境保护部公报》坚持围绕中心，服务全局，传达政令，指导工作的办刊原则，定期编辑出版国家及环境保护部出台的环境保护规范性文件并按照规定范围向各级机关、企事业单位和社会公众赠阅，受众持续增加，影响不断扩大，成为各级政府领导、基层环保工作者和社会各界获悉环境信息、了解环保与政策的重要渠道，为推进环境政务信息公开，服务环境保护各项事业的发展发挥了积极作用。根据环境保护部政务信息公开工作的总体要求，《环境保护部公报》编辑部明确提出“三个服务”的办刊指导思想，即：努力为传达政令、推进依法行政、政务公开服务；为保障人民群众对环境保护工作的知情权、参与权和监督权服务；为动员社会各界携手全面推进历史性转变，积极探索环境保护新道路服务。编辑《环境形势与政策读本》，是公报编辑部为增强“三个服务”能力、提高“三个服务”水平而进行的一次尝试和探索。

囿于时间仓促、人力不足等因素，这本《环境形势与政策读本》的编辑工作还存在着一些突出问题，如所选内容不够全面，缺乏对环境形势政策的深度解读等。我们真诚地期待各位读者就如何进一步编好环境时政读物提出宝贵意见。和《全民环境教育系列读本》的其他几个品种一样，今后《环境形势与政策读本》将每年推出新的版本从内容到形式进行及时更新。热心读者反馈的意见和建议，既是我们改进这项工作的依据，也是我们做好这项工作的保障。

环境保护部公报编辑部

2010 年 7 月 26 日